U0893018

淡定的人生

徐枫◎编著

群言出版社
QUNYAN PRESS
·北京·

图书在版编目（CIP）数据

淡定的人生 / 徐枫编著． - 北京 ：群言出版社，2015.8

ISBN 978-7-80256-842-6

Ⅰ．①淡… Ⅱ．①徐… Ⅲ．①人生哲学－通俗读物 Ⅳ．① B821-49

中国版本图书馆 CIP 数据核字 (2015) 第 184643 号

策划编辑：杨　舰
责任编辑：张天放
封面设计：同人阅文化传媒·书装设计

出版发行：群言出版社
社　　址：北京市东城区东厂胡同北巷1号（100006）
网　　址：www.qypublish.com
自营网店：http://qycbs.shop.kongfz.com（孔夫子旧书网）
http://www.qypublish.com（群言出版社官网）
电子信箱：qunyancbs@126.com
联系电话：010-65267783　65263836
经　　销：全国新华书店
法律顾问：北京市君泰律师事务所

印　　刷：三河市宏顺兴印刷有限公司
版　　次：2015年9月第1版　2015年9月第1次印刷
开　　本：787mm × 1092mm　　1/16
印　　张：15.5
字　　数：260千字
书　　号：ISBN 978-7-80256-842-6
定　　价：29.80 元

【版权所有，侵权必究】

前　言

生命本该轻松自在

人生是什么？每个人都会有自己的答案，因为感受、体悟的不尽相同，所以会有千姿百态的人生。人生就像一条路，一条漫长而艰辛的路。

生命是用来寻求梦想，用来超脱人生的。生命多一分烦恼，就需要有一分淡然来释怀。红尘中的凡夫俗子，人人都需要一分佛心般的淡定。

佛陀说："人的生命，只在呼吸之间。"生命是如此的短暂，所以应该好好珍惜，思考人生的真正意义是什么。

在繁杂的尘世中，因为有七情六欲在推波助澜，心境纷扰不安。因为在工作和为人处世的不适应，付出与得到之间的不平衡等等，心灵的动荡让人们想找到一个生命的出口，远离烦恼和困惑。怎样自在、充实和喜悦的生活，成为现代人所面临的难题。这时需要用一颗淡然的心面对一切。

心灵的超脱、平和、自然，能带来一种性灵的感悟，一份身心的安宁。以恬淡的心态对待世间万物是一种修行，也是一种境界。

佛说，人生在世如身处荆棘之中，心不动，人不妄动，不动则不伤；如心动则人妄动，伤其身痛其骨。人生在世，名是绳，利是绳，欲是绳，尘世的诱惑与牵挂都是绳。

生命本该轻松自在，却在尘世之中套上了沉重的枷锁。人的生命是有限的，能拥有的东西也是有限的，只有不断地清扫和放弃一些东西，才会有新的东西入主人生。

佛说，许多得与失也就在一念之间。以出世之心对待入世之事，会让人生开阔许多。

佛是一种解脱的智慧，一种追求快乐适意生活的心境，佛以非凡的智慧，点破世俗屏障，以智慧的机锋给世人以启示，为世人指明人生的方向，让人在杂乱繁芜中窥得一丝恬阔和淡然。

相由心生。人生的一切烦恼和痛苦也由心生。佛说："用清净之心看世间，世间即清净；用解脱之心看世间，心即解脱。"做人需要佛的慈悲心肠，与人相处需要佛的博大胸襟，做事需要佛的无上智慧。以佛一般淡定的心态出世入世，人生方能圆满。

忍让、超脱为基调的佛家智慧，教导人们认识自我、积极向善、超脱名利的处世智慧。

佛家智慧是对人生的大彻大悟，是对人生真谛本质的诠释。因而，它是为人处世的根中之根，是自我提高、自我完善、自我超越和齐家、治国、平天下的智慧源泉。

本书从佛家的角度出发，以佛家思想为核心，用佛家的哲理，从心灵、生活、修行、处世等各个方面对人生进行了反省与解析。通过一个个教人向善、安抚心灵和启迪智慧的故事，阐述诸多为人处事的人生哲理，让人们以淡然的心态领略生命的真谛。鲜活生动的故事娓娓道来，如春风般抚柔着尘世中疲惫的心灵，如流水般洗涤现世的尘垢，留下一缕宁静淡然的清香。

希望阅读此书的你，能在每个故事的感召下，提高自己的修为，增长内心的智慧，清除俗世的疑惑，拥有一颗淡定的心。

目 录

第一章 心平何劳持戒，根直何须参禅

第二章 因缘生万有，于无常中识破福祸果报

第三章　放下执念，菩提自现

第四章　心地清净方为道，退步原来是向前

第五章　宽恕众生，善待自我

第六章　做自己的菩萨，智者自救

第七章　识破幻相，把握万物本质

第八章　以慈悲度化世人，甘为众生牛马

第九章　随缘随性生活，便是世间自在人

第一章
心平何劳持戒，根直何须参禅

佛法讲求心与佛的交流，修佛就是修心。佛无处不在，佛不在表象，而在内心，有什么样的心，就有什么样的佛。佛并不是要众生崇拜他，模仿他，因为表象的相近不能代表本质的相同。佛是心灵打造的幻象，太过于执着外在，反而会迷失其中。心中有佛，便与佛有缘。佛法讲究机缘，禅，就是机缘，你懂得，无时不禅，无处不禅，无人不禅，无事不禅。不懂，即使说得天花乱坠，也与禅无关。俗语云：讲者无心，听者有意，故无相禅师曰：“一切皆法也，一切皆禅也。”

1. 灵魂安宁是修行的根本

离开外界一切物相，是禅；内心安宁不散乱，是定。如果执着人间的物相，内心散乱，就是终日打坐，也达不到禅的境界。

——慧能禅师

慧能禅师有一位弟子参禅时终日打坐，慧能禅师一次忍不住问弟子："你为什么终日打坐呢？"

弟子回答道："我在参禅啊！"

慧能禅师说："参禅并不只是让你终日打坐。"

弟子听到慧能禅师这样说，不明白地问："你不是经常教导我们，终日坐禅不可躺卧，才能守住容易迷失的心，洞察一切吗？"

慧能禅师说："终日打坐只是在折磨自己的身体，并没有达到参禅的效果。"

弟子听得更加糊涂了。

慧能禅师接着说道："禅定，并不是要一个人像木头一样在那里一动不动的坐着，而是全身心要达到一种极度宁静、清明的状态。离开外界一切物相，是禅；内心安宁不散乱，是定。如果执着人间的物相，内心散乱，就是终日打坐，也达不到禅的境界。只有离开一切物相的诱惑及困扰，心灵得以清净安宁，才不会被世事所迷惑。"

弟子躬身问道："人都是从俗世来的，世间的诱惑又那么多，师父请明示我怎样才能摆脱诱惑，不被世间之事所困扰呢？"

慧能禅师说道："思量人间的善事，心就是天堂；思量人间的邪恶，心就化为地狱。心生毒害，人将沦为畜生；心生慈悲，处处就是菩萨；心生智慧，无处不是乐土；心里愚痴，处处都是苦海了。"

弟子听后恍然大悟。

佛经中还有这样一个故事：

过去有个人雕刻夜叉罗刹，他天天模拟夜叉罗刹的表情，想呀想的，想久了，不知不觉一脸横肉，变成很凶恶的样子。后来遇见一位法师，法师看到他一付恶鬼形象，觉得奇怪，就问他："咦，您的脸怎么会变成这样？"

这个雕刻家很苦恼的如实回答："我也不知道呀！我本来不是这样子的，我刻夜叉罗刹，刻着刻着就变成这样了。"

法师想了想，微微一笑："原来如此，阿弥陀佛！施主，我看您换个方式，改雕刻菩萨的像吧，说不定另有造化呢！"

这个雕刻家别无他法，姑且一试，于是天天想菩萨的庄严，模拟菩萨的容貌，说也奇怪，日子一久，他的面相慢慢变得慈祥了，端庄了，比本来的面目还要善良多了，他这才知道心能转相，心里种什么因，心外就结什么果。

有些人生得庄严美丽，就很矜持得意；长得难看，就怨怪父母把自己生得丑陋。假如希望自己美貌，有尊贵的气质，那么，应该先净化自己的心。

人世间什么东西最快，人世间最快的是心念，心念一转，可达九天之外，可达五洋。任何东西都没有人的心念快，而且心念也决定人的善恶。

人和人之间是相同的，有人怨自己的运气不好，财运不旺，事业不顺等等。但仔细想想，不是运气不一样，而是心念不同。

淡然心语：

禅宗认为，一味苦修苦坐，执着于形式，是凡夫俗子的境界，并且也只是停留在生命的表层。心念不同则境界就不同。只有内心安宁才是真正的安宁，才不会被世事所迷惑，进而发现生命的真谛。

2. 关照自己的心灵

我若多嗔及怨结者，十方现在诸佛世尊皆应见我，当作是念：云何此人欲求菩提而生嗔恚及以怨结？此愚痴人，以嗔恨故，于自诸苦不能解脱，何由能救一切众生？

——《华严经》

佛陀曾经讲过这样一个故事：

从前有一个非常有钱的富人，他娶了四个老婆。他最爱他的第四个老婆，所以给她吃最好的穿最好的，她想吃什么、喜欢什么衣服，富人都肯买给她。他也很爱他的第三个老婆，经常带着她出去游山玩水，每天都要去关心她，常常在她身边甜言蜜语，又造了漂亮的房子给她住。他同样也爱他的第二个老婆，因为她善解人意，每当富人有什么心事或困扰，他总是来找第二位妻子为他分忧解闷，互相安慰，只要和她在一块儿就觉得很满足。他的第一个老婆最能吃苦，帮他操持家里的上上下下，付出了很大的辛苦，然而这个富人却觉得他的第一个老婆年龄太大，人老珠黄了，富人几乎忘了她似的，根本很少去看她。

终于有一天，这个富人因生病而卧床不起，他知道自己在世间的日子已经不多了。他就想，我死的时候，我的四个老婆谁会愿意陪我呢？于是他就把四个老婆叫来一一问话："我死的时候你愿意陪我一起进坟墓吗？""想都别想！"第四个老婆丢下这句话，头也不回地走了。伤心的富人于是问第三个老婆："我一辈子都爱你，你准备好同我一起去了吗？""不！"这个老婆答道，"你死了，我就改嫁。"接着他问他的第二位老婆："你是最善解人意的，现在，你能同我一起去吗？"对方答道："这次我可帮不了你，我能做的至多是给你下葬。"

这时富人已经伤心至极，忽然，一个声音传来："我陪你去，你去哪儿我都陪着你。"富人朝着声音传来的方向望去，原来是他的第一个老婆。望着这位因营养不良而骨瘦如柴的妻子，富人热泪盈眶地说："我早该对你好一点。"这时富人才知道，真正可以和他永不分离的只有第一个妻子。

其实，富人的四个妻子各自象征着不同的寓意。

第四个妻子代表人的身体。人是最爱惜自己的身体，为了满足自己的物质欲望，可以不惜一切，但在人死去的时候，身体却不会随着你。

第三个妻子代表财富。一个人一生中即使再富有，不论是多么辛苦赚来的钱，到死的时候却一分一毫也不能带走。

第二个妻子代表人的亲朋好友。人生在世，彼此关心是顺乎天理，合乎民心的。但很多人往往是有目的的与亲朋好友相处，忘却了做人的根本。等到百年之后就谁也不记得谁了。

第一个妻子代表人的心灵。它和我们形影相随，生死不离，关系最为密切，但我们往往会忽略了它，只顾着去满足自己的欲望。

生活中，我们每天都很忙碌，忙着结交朋友，摆脱孤独，忙着赚钱，摆脱贫穷，忙着打扮自己，追求外表的华美，但却独独忘记关照我们的心灵。

当感到一切都拥有的时候，生命也快要走到了尽头，朋友、财富、美貌都即将离自己而去，而唯一能够长久陪伴自己的是我们的心灵，而因为自己的忽视，心灵早已疲倦。

淡然心语：

真正的快乐是心灵的快乐。佛家强调“勤修戒定慧，熄灭贪嗔痴”，就是通过戒定慧的自我修养，去除贪欲心、嗔怒心和愚痴心，净化自己的心灵，在日常生活中过清醒、不被物欲所障、不被成见所迷的生活。

3. 世界是心的影像

佛曰：一个人的心量有多大，世界就有多大。

有一对老夫妇，非常贫穷，连住的地方都没有，而且还体弱多病，只能依靠乞讨过日子。他们只好在废弃的牛棚里面过夜。他们唯一的财产是身上那件又脏又破的衣服。

一天，老夫妻听说佛陀带着很多弟子到当地来接受供奉。两人都觉得如此难逢的因缘，绝对不能错失，总要凑一点儿东西去供奉。老先生病态的脸庞露出难得的笑意。

老婆婆忧虑地说道：“可是我们什么都没有，拿什么去供奉呢？”

老先生忽然想起来什么似的说道：“我们身上还有一件衣服呀，就把这件衣服拿去供奉佛陀吧。”

老婆婆听了以后，觉得不妥，她说：“我们的衣服又脏又破，怎么能给佛陀供奉这么破旧的东西呢，再说如果我们把衣服拿去供奉，以后怎么出去乞讨呀？”

老先生说道：“今生我们如此贫穷，是因为过去不知道结缘布施。纵然因为施舍了这件唯上的破衣服而忍饥挨饿，也要种下一些因缘的种子，以便来生脱离苦海。”

于是，老先生便拿着自己破旧的衣服，羞涩地来到精舍。恰巧遇见佛陀和他的弟子们在用斋，老先生在门口踯躅着不敢进入。

佛陀慈祥地招呼他进来：“老人家，你不必害怕，到我座前来。”

老先生跪在佛陀的座前，恭敬地用双手把衣服呈献给佛陀，并说道：“慈悲的佛陀，请您接受弟子卑贱的供奉。”

“老人家，我满心欢喜接受你诚恳的供奉。你今日的布施将会和恒河沙数的七宝供养功德一样深厚。”

老先生听了佛陀的话，开心的回去了。满座的弟子闻到衣服所散发的难闻气味，都无法继续吃下去。

佛陀叫目犍连将老先生的衣服拿到江边去清洗。目犍连刚把衣服丢入江水之中，突然波涛汹涌，溅起千丈高的浪花，衣服如一叶扁舟在浪中载浮载沉。目犍连大吃一惊，于是立即运来须弥山，希望能够镇住惊涛骇浪。但是当目犍连尊者把须弥山投在江中，不仅没有平息翻滚的波澜，而且须弥山就像一颗小石头一样在水里翻腾。

目犍连赶忙跑回去向佛陀请教解决的方案。佛陀挑起一粒米饭交给了目犍连，轻描淡写地说："你把这粒米饭丢在水中，看看结果能怎样？"

目犍连感到非常疑惑，但又不便询问，只好依照佛陀的指示将米粒丢在涌动如沸汤的江水中。霎时，江涛突然静如止水，仿佛一面明镜。

淡然心语：

佛法认为，世界上大的也不一定是最大，小的也不一定是最小。重要的是，在做事情的时候，要有一颗虔诚的心，才能换来虔诚的回报。

4. 智者懂得合乎自然本性

世上的事物就是这样，任其自然，真正禅境。

——佛陀

一个炎热的夏季，突然下了一场暴雨。暴雨过后，阳光格外强烈，佛陀感到很饥渴，于是就叫侍者去前面不远处看看，有没有水喝。

侍者于是拿着盛水的容器去了。走了没多远，他就发现了一条小河。等到走近一看，河水污浊不堪，水面到处漂浮着一些杂物。于是他就转身回去了，告诉佛陀说："河上漂着许多杂物，那水太脏了不能喝，我还是再找找看吧。"

佛陀说："这条小河离我们最近，我现在口渴难耐，你不要再去找了，再去一趟刚才的那个小河看看吧。"

侍者心里非常不高兴，他想：我刚才已经都看过了，水那么脏，即使拿回来也不能喝，不是让我白跑一趟吗？

佛陀早已看出了他的心思，于是对他说道："你去了就知道，这次肯定不会白跑的。"

侍者只好又去了那条小河旁，这次再来，竟然大不一样，河水变得无比清澈、干净，侍者高兴地装了满满一大容器回去了。

侍者捧着装满水的容器，来到佛陀面前说："刚才还是污浊不堪的河面，这次竟然变得那么清澈，太神奇了！"

佛陀说："世上的事物就是这样，任其自然，真正禅境。"

这个世界没有任何东西是永恒的，顺其自然，总能得到你想要的东西。

福州罗山道闲禅师有一次去拜会石霜禅师，便问道说："心灵的知觉已现，却往往会被一大堆纷乱的念头束缚住。在这种起伏不定的时候，我该如何用功呢？"

石霜禅师回答说："最好是正视它，直接把各种念头抛弃掉。"

道闲觉得这个回答不是他想要的结果，于是又拿这个问题去请教严头禅师。

严头禅师说："那狂妄之心该止时便会止，顺其自然好了，管它干吗！"

淡然心语：

佛说，诸行无常，一切顺乎自然。很多事情并不以个人的意志为转移。现代人心绪起伏不定，纷乱复杂，愚者总想改变一切，智者却能够顺其自然。

5. 无我方能参禅

当无我的信念深植在一个人的内心时，他便可因而达到宁静、沉着和更泰然自若的境地。

——《佛陀的格言》

宋代有个名叫张九成的居士，原为侍郎，中过状元，也算是一个文人士大夫了。他有一个爱好，偏爱谈禅说道。他读了不少禅书经典，也参拜过许多禅师，但仍是“久之无省”，始终不能开悟。

有一天，他去拜访大慧宗杲禅师。

宗杲禅师是当时大名鼎鼎的老禅师。他的地位和影响在当时是很大的。老禅师见张九成急急忙忙地一大早就跑来朝庙，便问他：“你来干什么？”

张九成说：“打死心头火，特来参喜禅。”

大慧宗杲禅师的法号叫“妙喜”，故张九成说“特来参喜禅”。

刚一见面就口称要“参喜禅”。大慧宗杲禅师面对张九成的近乎直呼法号，即知来者根基不深，机缘未至。于是想试探他一下，便同他开了个小小的玩笑。

“你为什么起得这么早啊！难道不怕家里的妻子同别人睡觉吗！”

张九成听了，顿时火冒三丈，气咻咻地说：“你这个愚昧无知的老秃驴，怎么敢说出这种话来？”

宗杲禅师忙上前用手制止他说道：“你刚才不是还说打死心头火吗？怎么我才轻轻一扇，你就大为光火？”

张九成闻听顿时哑然。

接着，老禅师又对他说：“禅者心应如大海深邃宽广，似秋月皎洁清纯。安然不动，闻而未闻，听时不惑，事过不留。禅者能见人之所未见，忍人之所不忍，能容纳一切，又超越一切，方能两袖一甩，一路清风；布履一双，踏破山河；仰天一笑，快慰平生。被外缘所牵动的人又如何参禅呢？”

张九成听完，合掌拜道："谢大师指点。"

淡然心语：

参禅到何种程度，取决于心境的高与低、空与实。不静的人，即使离群索居，一旦遇到喧闹就会烦躁。远离人群只是为了自我，而人我本是一体的，动静也是相互关联的。如不能物我两忘，只知一味强调宁静，就不能达到真正的安宁境界。

6. 自由自在是心性的大解脱

不即不离，不住不着，纵横自在，无非道场。

——《断际禅师传心法要》

曾经有一个叫桃水的和尚，在禅林寺任住持的时候，认为禅并非只有在寺里才能修得。他对于修行有一套自己的看法和见解，为了打破寺里的形式主义，他决定跟乞丐一起生活，行踪不定，世人都不知道他何去何从。

一天，在一个破旧的小草房里，一个人拿着一张如来佛像匆匆赶来。他对桃水和尚说："你作为和尚却不参佛，这是说不过去的，我从庙里求来一张佛像，你快好好参拜一下吧！"

桃水接过佛像道了声谢，便把佛像挂在草屋的墙上，并用毛笔在佛像下面写了几行字："如来佛啊，你这匆匆过客，你就在我这里暂时留宿一会儿吧！请别介意我的草房破旧和窄小，更不要因为我进天国之事烦扰了你。"

别人都是请神拜佛，对神无比的恭敬，不敢怠慢一点，而桃水和尚却随心自在的祭拜佛像，而毫不害怕别人的非议，这才是真正的随意自在的生活状态。

有人问，什么样才算是自由自在的人生呢？

一个和尚问衡州华光院范禅师："牛头法融未见四祖时如何？"

禅师回答说："自由自在。"

和尚又问："见到四祖之后呢？"

禅师仍旧回答说："自由自在。"

这两个"自由自在"其实包含了两层意思。前一个"自由自在"是指内心原始的本真状态；后一个"自由自在"是指牛头法融见四祖道信后，经过四祖的点拨后，抛开了一切的烦恼和束缚，内心真正被关照，从而大彻大悟，获得了心性的大自在和大解脱。

淡然心语：

不自在是因为不懂得生活的真谛，世间的一切烦恼和束缚都是自己强加给自己的，人生应该像天上的云朵去留无意，水中的鱼儿自在洒脱。随意的生活，才是真正的生活。遇事时有随性随遇随缘的心态，就不至于心灰意冷，自信与从容才能促使我们重新出发。

7. 平常心乃悟道之本

但愿众生得离苦，不为自己求安乐。

——佛家经典

南岳和尚出参六祖的时候，六祖问道："你从哪里来？"

南岳和尚回答说："我从嵩山来。"

六祖又问："来的是什么东西？"

南岳和尚没有明白六祖的问题，就没有回答出来。

后来，南岳经过长时间的真心参禅后，终于悟出六祖慧能所指的"东西"。他回答慧能说："说似一物即不中。"意思是：你要说它像什么，那你就会马上偏离它。

六祖听后又问道："是否还需要自我修正呢？"

南岳答道："我不敢说不可以修正，但我可以说决不会污染它。"

慧能听后心里暗自喜悦，于是就对南岳说："这个不会污染的，正是我们要留心护持的。"

佛法本来平常，南岳回答的"决不会污染它"即是要保持一颗平常心。

尘世间的一切妄念不过是生命中的烟云。心乱只因心在尘世，心静是因心在禅中。决定人生的不是别的什么，而是心境。心灵纯净，就不会被外物所左右。

有一个学僧到法堂请示禅师道："禅师！我常常打坐，时时念经，早起早睡，心无杂念，自忖在您座下没有一个人比我更用功了，为什么就是无法开悟？"

禅师拿了一个葫芦、一把粗盐，交给学僧说道："你去将葫芦装满水，再把盐倒进去，使它立刻溶化，你就会开悟了！"

学僧依样画葫芦，遵示照办，过不多久，跑回来说道："葫芦口太小，我把盐块装进去，它不化；伸进筷子，又搅不动，我还是无法开悟。"

禅师拿起葫芦倒掉了一些水，只摇几下，盐块就溶化了，禅师慈祥的说道："一天到晚用功，不留一些平常心，就如同装满水的葫芦，摇不动，搅不得，如何化盐，又如何开悟？”

学僧：“难道不用功可以开悟吗？”

禅师：“修行如弹琴，弦太紧会断，弦太松弹不出声音，平常心才是悟道之本。”

学僧终于领悟。

世间事，不是一味执着就能进步的，读死书而不活用，不能获益。留一点空间，给自己转身；余一些时间，给自己思考，不急不缓，不紧不松，那就是入道之门了。

淡然心语：

尘世间的一切妄念不过是生命中的烟云。心乱只因心在尘世，心静是因心在禅中。决定人生的不是别的什么，而是心境。心灵纯净，就不会被外物所左右。保持一个从容淡定的心态，有利于人们更加清醒深刻地认识自己。

8. 不要落入患得患失的旋涡

人生真正的快乐，始于爱惜其他众生。

——海涛法师

一群年轻人到处寻找快乐，但是，却遇到许多烦恼、忧愁和痛苦。

他们向老师苏格拉底询问，快乐到底在哪里？

“你们还是先帮我造一条船吧！”

年轻人暂时把寻找快乐的事儿放到一边，找来造船的工具，用了七七四十九天，锯倒了一棵又高又大的树；挖空树心，造成了一条独木船。

独木般下水了，年轻人把老师请上船，一边合力荡桨，一边齐声唱起歌来。苏格拉底问：“孩子们，你们快乐吗？”

学生齐声回答：“快乐极了！”

苏格拉底道：“快乐就是这样，它往往在你忙于做别的事情时突然来访。”

在日常生活中，人们牵挂得太多，太在意得失，所以他们的情绪起伏，并不快乐。快乐，是精神和肉体的朝气，是希望和信念，是对自己的现在和未来的信心，是一切都该如此进行的信心。人们必须体验过痛苦，才能体会到生的快乐。现代人时常心为物役，有太多的患得患失，因此，错过了许多的快乐。

人生就是不停地奔波，我们总免不了跌倒或无端的迷失。无由的抱怨，愤怒的发泄，只能使自己更沮丧。既然命运如此，不如改变我们的心态，快乐地接受命运的挑战，生命将会是另一种景象。

追求美好的生活是人们共同的心愿。但在实际生活中，每个人又会有所失才能有所得。有小失才能有大得；有局部之失，才能有整体之得。人生亦然。失去，本是一种痛苦，但也是一种幸福，因为失去的同时也在获得。

人在得意中常会遭遇到小的失败，后者与前者比起来，可能微不足道，但是人们往往会怨叹那小小的失，而不去想想既有的得。

譬如一位千万富翁，很可能因为失去了两百万元的账而郁郁不乐；一位经理可能因为遭受总经理的白眼而心萌去意。他们计较眼前的小不如意，却不想想自己已经是非常得意的人，正因如此，许多得意者反不如一般人活得快乐；甚至千万富翁自杀了，经理辞职了，到头来，这些得意的人由于自己的看不开，终于成了真正的失意者。

人生没有绝对的事。在某些时候，失去的同时也得到了，而且得到的远远比失去的要多。当你感到遗憾失去的同时，可能有另一种意想不到的收获。

有一个故事，说有个小伙子，还是穿开裆裤时，也记不得是哪一天，发现门前那堵墙上有一个闪光点，在阳光下生辉，艳丽无比。从此，朝思暮想，流连仰望。终于有一天，渐渐长高的小伙子决定爬上去看个仔细，百年危墙，高不可攀。近了，近了。最后，那只颤抖的手一把抓住了它，原来是一支破牙刷。他好失望，心情懊丧得很。事物的转换总是这样，小伙子在此之前，拥有一份好心情；一旦得到了那柄牙刷时，却又失去了昔日的那份特好的心情。这正如佛经上所说的："失就是得，得就是失。"

得与失在我们心中，真是只有一线之隔，我们意以为得，就是得意；意以为失，就是失意，所以颜回居陋巷，一箪食，一瓢饮，也能得意在其中。秦王统一六国，兼并天下，也能失意于其间。大约有得必有失，有失必有得；所得既多，便是增加，也不觉得欣喜，稍有所失，便惶惶恐恐；所失既多，就是再失，也不感到痛苦，稍有所获，便十分快乐。如此说来，得意何尝不是失意之由，失意又何尝不是得意之由呢？

更深一层想，我们人生最大的得意或失败，都无法由我们自己来左右。人生最大的得应该是"生"，我们从父母那里得到生命，不是最大的"得"吗？因为没有这个得，就没有以后的得，这是得的根本。而人生最大的失，应该是"死"，当这一刻来临，我们便抛出所得的一切，包括自己的生命，这不是最大的失吗？这最大的得与失，我们尚且无法掌握，又还有什么得失好计较呢？

《孔子家语》里记载：有一天楚王出游，遗失了他的弓，下面的人要找，楚王说："不必了，我掉的弓，我的人民捡到，反正都是楚国人得到，又何必去找呢？"孔子听到这件事，感慨地说："可惜楚王的心还是不够大啊！""为什么不讲人掉了弓，自然有人捡得，又何必计较是不是楚国人呢？"

"人遗弓，人得之"应该是对得失最豁达的看法了。就我们个人而言，有得有失；就全人类而言，不是一样吗？这仿佛云来云往、雨来雨往，这世上总有晴朗与阴雨的地方；又正如生生死死，死死生生，这世间的一切总是继往开来，生息不断的。所以得与失，到头来根本就是一无所得，也一无所失啊！

患得患失的人，一生总是很苦恼的。他们对取舍疑虑不决，本来拥有一些自己并不需要而多余的东西，却又费尽脑汁想使这些东西不减反增。为这些终日烦恼，长此下去有损身心健康。与其担忧会失去，倒不如让它失去好了，换来了心情轻松和愉快，不是更好吗？

只要我们正视人生的得失，月亮即使有缺，也依然皎洁；人生即使有憾，也依然美丽。

正确认识得失，得到了也可能失去，无论你得到了什么，都不妨时常这样提醒自己。这样，得到了的时候就会倍加珍惜，失去的时候也不至于无所适从。

不必为“失去”而难过，因为世间之物本来就是来去无常。我们所能做、所应做的只是在“得到”时珍惜它。

不能舍弃别人都有的，便得不到别人都没有的。会生活的人失去的多，得到的更多，只要这样一想，你就会有一种释然顿悟的感觉。

淡然心语：

生活中，我们牵挂的东西太多，太在意得失，所以我们情绪起伏，心事重重。人生苦短，总会有快乐与痛苦，当挫折与不幸来临时，不必对生活失去信心，更不能自暴自弃。无论在何种情况下，都应该选择快乐地生活。只有那些在绝境中仍然能抓住一丝快乐的物种，才能领悟生命快乐的真谛。

9. 开启内心的悟性

所有的境界都是以心为引导者。心是主人，所有的境界都是由心造成的。

——《佛陀的格言》

有一个小沙弥，从小的时候就立志修行成佛。可是他虽然投身佛门三年，师父既不教他诵经，又不让他拜佛，总是叫他上山去砍柴，他感到很苦恼也很困惑，他想，要是这样下去，他什么时候才能够悟道呢？

师父似乎看出了小沙弥的心思，有一天师父问他："你还在娘胎里的时候，你在做什么事呢？"

"还在娘胎里的时候，能做什么事呢？"小沙弥冥思苦想，也没有想出来。就对师父说："弟子愚钝，请师父赐教！"

师父笑着说："我不能说，我想听的是你的见解。想不出来你就继续去上山砍柴。"

小沙弥只好上山砍柴。晚上，小沙弥还是想着师父的问题，翻来覆去睡不着。

转眼一个星期过去了，这天，小沙弥像往常一样上山砍柴，可他脑子里总想着师父提出的问题。突然，一只奇怪的动物来到了他的眼前，小沙弥好奇地问："你是什么动物，叫什么名字，怎么长得这样奇怪？"

那只奇怪的动物回答："我叫'悟'。"

小沙弥一听，心中非常高兴，心想："好极了，它就是'悟'。师父平时称赞的弟子不都是悟性高吗？我抓住它就可以回答师父的问题了。"

没想到那叫"悟"的动物立刻看出了他的心思，跳到一旁说："你一看到我，就想抓住我，我不会让你得逞的。"

小沙弥吓了一跳，心想："悟果然厉害，我还没说出来，它居然就知道了我在想什么。这样吧，我就装做什么都不知道，趁它不注意时再去抓住它。"

不料，“悟”又开口说道：“你以为我不知道吗？想趁我不备将我抓住吧！告诉你，行不通的。”说完，“悟”转身就走。

小沙弥无奈之下，决定不再多想什么，便一心一意地砍起柴来。

不料，小沙弥手上一用力，只听“咔嚓”一声，斧头柄断了。断了的那一段飞了出去，不偏不倚地正好砸在了正走着的“悟”的头上，一下子就把它打昏了过去。小沙弥上去意外地捉住了“悟”，心中很是高兴。他捧着“悟”，脑中突然一片空明，感受到了一种从未体验过的颤抖和喜悦。他感到，一切好像都为之而改变了。

于是他立即下山去告诉师父这一奇妙的变化：“师父如果当时就为我道破了禅机，我今天就不能有顿悟的感觉了。”他终于觉醒了。

师父高兴地对他说：“想要开悟，首先不能执着于‘开悟’只有在生活实践中自证自悟，才能获得禅的真谛。”

淡然心语：

生活中常常会有这样的情况，当我们苦苦追求，一心想得到什么的时候，结果却往往适得其反，难以遂愿。而一旦不再执着于某个念头，就会从内心的纠缠中解脱出来。最重要的是用心去生活，不必妄求。凡事都需要日积月累，自然就会水到渠成。

10．随缘生活，烦恼自然销落

佛说：随缘自在，随遇而安，随缘生活，随心自在，是为生活的密行。若能一切随他去，便是世间自在人。

后唐保福禅师将要圆寂时，向弟子们说道：“我近来气力不济，想大概世缘时限已快到了。”

弟子们听后，纷纷安慰他说：“师父法体仍很健康。”

保福禅师安详地说：“时限已到，你们都不要欺骗我。告诉我，是去好呢，还是留好？”

有位弟子毫不考虑地答道：“生也好，死也好，一切随缘任它去好了。”

禅师哈哈一笑说道：“我心里要讲的话，不知什么时候都被你偷听了。”说完，就圆寂了。

佛说：随缘自在，随遇而安，随缘生活，随心自在，是为生活的密行。若能一切随他去，便是世间自在人。人生在世，必须得学会接受现实，要学会随缘一世，这样才能活得自在。

法眼文益开始参禅的时候在庆辉禅师处，但是他始终不能悟道，于是，他就四处云游，希望接近纯真的自然，还可以拜访一些名师，得到他们的指教。

一次，法眼文益出行正好遇上了下雨，他就在附近的一个小寺院中避雨。寺院的方丈正好出行去了，只剩下几个随和的僧人和一个知客僧。很快法眼文益就和他们熟悉起来了。

当他们得知法眼文益四处云游时，便问他：“法师打算去哪里？”

法眼文益答道：“我也不知道，只是四处走走而已。”

知客僧说：“这样四处云游会得道开悟吗？”

法眼文益不假思索地回答：“云水随缘。”

周围的人羡慕地说道：“云水随缘。你好自在啊！”说者无心，听者有意，法眼文益竟一下子豁然开朗了。原来自己一直急急忙忙寻找成佛的解脱，还不如自己的逍遥自在。

随缘就是一种人生适意的表现。如果像法眼文益禅师那样云水随缘，对待生活和生命，才是真正的悟禅之道。

人因为执着的东西太多，所以烦恼也就越多。许多人都希望在有生之年，顺顺利利地度过每一天，现实却是残酷无情的。所以，要学会自我调节，学会适应环境，学会随遇而安，才能化解一切不幸和痛苦。

佛家主张凡事都要顺其自然发展，一切都不可勉强；凡事都要随缘，人必须随着天定的因缘来处理事情。一个安于现实的人，能快乐度过一生；反之一个不满于现实环境的人，整天牢骚满腹愤世嫉俗，只会害己害人。有些事在现在条件下行不通，就有等待时机的必要，就需要安于现状而不是心慌意乱。凡事强求而不遵循事物的基本规律就难行得通。

一个旅行者在草原上被一只狂怒的野兽追赶。旅行者为了逃生，跳到一口无水的井中，然而，井底有一条龙，正张着血盆大口想吞噬他。

旅行者不敢爬出井口，否则会被野兽吃掉；他也不敢跳入井底，否则会被巨龙吞噬。他抓住井缝里生长出来的野灌木枝条，死死不放。

他的手越来越无力，他感到不久就会向危险投降，那危险正在井口和井底两头等着他。他仍然死死地抓住灌木。忽然，两只老鼠绕着他抓住的灌木主枝画了一个均匀的圆圈，然后开始啃噬。灌木随时都会断裂，他随时也会落入龙的巨口。旅行者目睹着这一切，深知必死无疑，而在他死死抓住灌木的时候，却看见灌木的树叶上挂着几滴蜜汁，他便把舌头伸过去，舔舐着那或许是他最后的快乐。

面对失败挫折，学会随遇而安，随遇而安是对挫败者的一剂良药，是人生的另一种坦荡，是一种成熟后的胸怀。

在罗阅祇城有一个婆罗门，他常听说舍卫国人民多孝养父母，信仰佛法，而且善于修道，并供养佛、法、僧三宝。他心中十分向往，便想去舍卫国观光并学修佛法。

到了舍卫国，他看见有父子二人正在田中耕地、播种。忽然，有一条毒蛇爬到那儿子的跟前，将他咬死，然而那父亲不但不管儿子，反而接着干活，连头也不抬。

这个婆罗门大觉惊奇，便上前问他原因。

耕种者反问道："从何方来，来此为何目的？"

这个婆罗门回答说："我从罗阅祇城来，听说你们国家多孝养父母、信奉三宝，所以打算来求学修道。"

接着，婆罗门又问道："你儿子被毒蛇咬死，你为什么不但不难过，反倒接着耕地播种？"

耕种者说："人之生老病死及世间万物成之于天，皆为自然规律，忧愁啼哭能有什么用呢？如果伤心得饭也不吃，觉也不睡，什么也不干，那不跟死人一样，活着的意义就不大了！你要进城，路过我家时，请替我捎话给我家人，说儿子已死，不必准备两人的饭菜了。"

这个婆罗门心里暗想：这个人可真不像话！儿子被蛇咬死，竟然不悲哀，反而还想吃饭，真没有人情味啊！

他进入舍卫城，来到耕种者的家，见到那人的妻子，便说道："你的儿子已经死了，他的父亲让我捎话说，准备一个人的饭就行了。"

那妇人听后，说："人生即如住店，随缘而来，随缘而去，我这儿子也是一样啊！生是赤条条来，死亦赤条条去，任何人都不能违反这一规律。"

这个婆罗门又告诉了那死者的妻子，谁知她的回答也是如此。

他心中非常生气，对那女子说道："你的丈夫已死，你难道一点儿也不痛心吗？"

那女子默然不答。

这个婆罗门怀疑自己是否走错了国家，他心里暗道：我听说这个国家人民如何慈爱、如何孝顺、如何供奉三宝，所以才想来这儿学习修道，没想到如今碰上这等没有人情味的人。这种人怎么配信佛修道呢？

他百思不得其解，决定去请教伟大的佛陀。这个婆罗门来到佛陀的住所，向佛顶礼，退坐一边，一脸的愁云。佛陀已明白他的来意，故意问他为什么忧愁。

他回答说："遇事不合我的想法，故而忧愁。"

佛陀又问："遇上何事不合你所想呢？"

他如实向佛禀告了他路上所见之事。

佛陀说道："善男子，这些人是真正明白人生事理的啊！他们知道人生无常，伤心悲哀无济于事，故能正视世间及人生的自然规律，也就没有忧愁！尘世之人不明白生死无常的道理，互相贪着爱恋，等到突发事件一来，即懊恼、痛苦，甚至痛不欲生，无以自制。正如人得了热病，高热谵语，恍恍惚惚胡说八道，只有经过良医诊治下药后，热退病愈，才不会再说胡话了。"佛陀接着又说："世间俗人长时间被贪、嗔、痴三种烦恼袭扰，不能自拔。如果自己能明白无常之道理，能明白佛法苦、集，灭、道之道理，那么自然烦恼尽除。"

这个婆罗门闻佛所说，即自责道："我真愚痴，不明佛法大义，现在一经佛说，如黑暗中见到光明，恍然大悟！"

于是他皈依佛法，并受持五戒，精进而修持出世之法。

随缘，佛家语，随着各种的因缘。佛教认为由于外界事物的刺激而使身心受到感触叫缘，因其缘而发生动作称随缘。

随缘是一种心态，也是一种意境，更是一种待人处事的思维方式。或者说，随缘是一种随着形势发展而行事的观念，也是一种与时俱进的体现，是一种美满人生乐观的心态。

淡然心语：

人生的生死得失常常受外界因素的控制，并非是人力所能改变。要学会事事随缘，调整好自己的心情，做到宠辱不惊，得失坦然；让自己的心随缘适意，轻松自在。

第二章
因缘生万有，于无常中识破福祸果报

世间事皆从因缘起。世间万法启于“无常”，好与坏皆处于流变之中，并会相互转化，所以，就算是一时遭遇挫折，只要识得本心，顺应自然本性，逆境终将成为过去。所以，“无常”在另一方面也为人生带来无穷的希望。烦恼是众生不能解脱的最大障碍，只有消除烦恼，才能获得超脱。识得因缘，方知祸福好坏皆己造，自己是命运的主人，理解生命的意义，从而活得自在踏实，了悟真实的人生。

1. 万物皆从因缘生

接触世俗的事物，内心不被诱惑，没有忧愁，没有瑕疵，心灵安定，这是多么幸福啊！

有一次，云居禅师正在用箩筐筛豌豆，洞山禅师忽然问他：“你爱色吗？”云居禅师吓了一跳，箩筐里的豌豆也撒了一地，洞山禅师笑着把地上的豌豆一粒一粒捡起来。

云居禅师的脑海里回想着刚才洞山禅师说的那句话，不知道怎样回答是好，因为“色”包含的内容太广了，女色、酒色、财色、颜色等等。

云居禅师放下竹箩，心中还在翻腾。他想了很久才回答道：“不爱！”

洞山一直在旁边冷静地看着云居受惊、闪躲、逃避、犹豫，他缓缓地说：“你可想好了？你真的能够从容面对色的诱惑吗？”

云居大声说道：“当然能！”然后他向洞山禅师脸上看去，希望能得到他的回答，可是洞山只是笑，没有任何的回答。

云居禅师感到很奇怪，反问道：“那我问你一个问题可以吗？”

洞山说：“你问吧！”

云居问：“你爱女色吗？当你面对色的诱惑的时候，你能从容应付吗？”

洞山哈哈大笑地说：“我知道你要这样问，我看她们只不过是美丽的外表掩饰下的臭皮囊而已。你问我爱不爱，爱与不爱又有什么关系呢？只要心中有自己坚定的想法就行了，爱又如何，不爱又如何？”

佛经中有这样一个故事：

有位女居士，是佛教的忠实信徒。她虽然没有出家当比丘尼，但对佛教的教义、法术十分精通，时时修炼钻研，是位功道高深的女居士，很有名望。

一天，女居士前往拘萨罗国游历，在迦旃延婆罗门的尼庵中的罗园里住下。

婆罗门尼的几位弟子外出化缘、拾柴回来，一进罗园，看见一位女居士端坐树下，面容祥和舒朗，心凝神注，一副安宁寂静、超然世俗的样子。弟子们很是惊叹佩服，赶紧上前施礼，恳请女居士赐教。

于是女居士便跟这几个年轻弟子侃侃而谈。她说古论今，讲法释道，还勉励她们潜心修研，必能获得真谛。

女居士讲得娓娓动听，句句透彻。几个弟子听得频频点头，心服口服，她们从来没听过这么中肯切实的教诲，这么高深而又平易的事理，都很庆幸自己有这么一个机遇，而且对女居士也就越发尊敬，越发感激。

弟子们听了教诲，依依不舍地辞别了女居士，背起柴禾，高高兴兴到庵中回婆罗门尼的话去了。

她们一见师傅，就争先恐后地抢着说："师傅，咱们罗园里来了一位姓瞿昙的女居士，是位道法高强的人呀！她特别善于讲法说道，而且善解人意，句句话都能说到人心里去，切中我们糊涂迷惑的地方。真是像俗语中所说的：听君一席话，胜读十年书哇！"

婆罗门尼见自己的徒弟们如此眉飞色舞地赞叹那个初来乍到的女居士，心中一动，就势吩咐道："既然她这么深刻高强，这么值得你们讨教，那么，就替我去跟她说，请她明天到庵里来吃饭吧。"

弟子们一听，惊喜万分，这正是她们求之不得的事，高兴得差点儿叫出声来。一个腿快的弟子赶忙跑到罗园去传师傅的话。

女居士听了弟子传达过来的邀请后，依然平静地坐着，没起身，沉默不语。那个正在兴头上的弟子见女居士既不说去，也不说不去，虽然有点儿纳闷，但她心里是唯恐她不答应，所以也等不及女居士的回话，就兴冲冲地往庵里跑，回禀师傅说，女居士接受了邀请，明天准来。

第二天一早，婆罗门尼坐在正堂上，堂门敞开，远远地就看见女居士身穿素衣，手持钵盂，信步朝尼庵走来。

婆罗门尼叫弟子给女居士添了一个座位，然后就吩咐上菜开饭。一桌子的菜，招待客人可谓是够丰盛的了。可婆罗门尼只顾闷头自吃自喝，对女居士既不谦让，也不关照，似乎并没把她当做自己请来的贵客，谁也不敢多说多动。女居士也就自然要自己照顾自己了。

吃过饭，女居士起身出去洗漱净面，又把钵盂清洗干净，然后回到屋里，坐在为自己特设的位子上。再看婆罗门尼，舒舒服服，心满意足地挺了挺身子，穿着鞋侧卧在一张高高架起的床上，用衣角遮住头，摆出一副舒懒懈怠，漫不经心的姿态。她侧着头，平声慢气地问女居士："我们有些不明白的事情想向你讨教讨教。我的弟子对你的口才、智慧盛赞不已呀，不知你是否有空为我们解答呢？”

看着婆罗门尼傲慢的样子，女居士平淡而和气地回答：“姐妹们有事要问，我尽力解答，何必如此客气呢。不过，恐怕今天不是时候吧？”

说完，她便起身告辞。婆罗门尼只在床上欠了欠身，草草摆了个送客的姿态，目送着她出了门。弟子们不知师傅到底想干什么，都觉得很不自在，心里很不舒服。

第二天，弟子们外出去砍柴，归途中又去罗园听女居士讲道，回到庵中，又如实地回禀了师傅。婆罗门尼便又请女居士到庵中用饭，就这样一来二去，连请了四次饭。

到第五次，婆罗门尼终于开口说要请女居士来尼庵说法布道。可女居士还是当初的那句话，“还不是时候”。

婆罗门尼见几请不应，又不知女居士话中之意，很是着急。正所谓当事者迷，旁观者清，她的诸位弟子倒是明白得很。

“咱们师傅初次见面就对女居士不恭不敬。礼数上怠慢不说，还打心眼里瞧不起人家。到如今师傅又想去向人家求法，人家能相信咱们是诚心实意的吗？是我们先失礼，先不真诚待人的呀！”

弟子们交头接耳，私下里议论纷纷，很快被婆罗门尼知道了。她自惭形秽，面有愧色，心想：如果是这样的话，那我就更要去请她，而且一定真心真意地亲自恭请。

女居士见婆罗门尼亲自登门拜请，而且大有思过悔悟的歉意，终于接受了邀请，第六次来到了尼庵。

婆罗门尼备下各种各样的菜肴款待贵宾，盛情备至。吃罢饭，婆罗门尼脱鞋端坐在一张低矮的床上，毕恭毕敬地对女居士说：“我有一些不懂的事想向姐姐您请教，不知能不能给指点指点？”

女居士答道：“今天是时候了，您尽管问吧。”

婆罗门尼松了一口气，问道：“为什么说一个人的苦和乐是由自己的言行决定的，又说一个人的苦和乐是由他人的行为决定的呢？还有，为什么说一个人的苦和乐既是由自己，又是由他人所决定的？又说一个人的苦和乐既不是由自己，也不是由他人所决定的呢？”

“苦与乐是相反相生的呀。正是因为它们对立、矛盾，所以才能同时存在于一个人的身上。而且，苦与乐是可以相互转化的，此时为苦，彼时则为乐。没有苦，也就谈不上乐；没有乐，还有什么苦可言呢？”

“那么对一个生在世间的人有什么具体的意义呢？”婆罗门尼又问。

“世上的事物都有因有果，而因与果都是包含在对苦和乐的追求之中，是由苦与乐的谁多谁寡，谁强谁弱所决定的。”

婆罗门尼紧接着追问：“我现在提问，您随意应答，毫无语塞、含糊之处。那么我再请问，您有眼吗？”

“有。”

“那么，有‘色相’吗？”

女居士回答道：“有！”

婆罗门尼又问：“是不是因眼识、眼触来接触外界事物，而感受苦乐或不苦不乐呢？”

“是这样的。”女居士这时也很感慨地说:“世间万物都是从其因缘而生苦乐啊！”

同时，她暗自赞许婆罗门尼对人生苦与乐的悟性，又说道：“这正是佛的含义之一呀！”

婆罗门尼顿时开悟，整衣正服，合掌端坐，从此皈依佛门，终生致力于探求更深、更广的佛法道义。

淡然心语：

色即是空，空即是色。心志坚定的人，纵使世事纷争，也能透过世相看到事物的本质。在任何诱惑面前，都能够从容淡定，不会迷失自己的心性。

2. 种植何种因，便得何种果

佛陀说："在佛像前面种下微小的福德因缘，竟可以得到如此大的福报，甚至到了他将要进入涅境界时还跟着他。可以想见，如果对如来法身种植福因，对于修行的功德将不可限量；相反的，恶业也将遭到苦报。"

王舍城里有一个富贵人家，有一年，这个富人家里诞生了一名相貌非凡的男婴，他出生的时候指头竟然放光，父母看到这种情况既高兴又吃惊，于是请法师来给他起名叫"灯指"，还邀请亲朋好友来庆祝了一番。

来参加宴会的有一个叫苦修的婆罗门学者，看了这个男婴的长相说："这个孩子是天人下凡，将来必定不同凡响。"听到这样的赞美，富人夫妇更加高兴了，于是大设檀会，七天七夜不停的布施作福。

消息传到国王耳里，他心想："出生指头就会发光吗？"国王感到很疑惑，于是就派人将这个男孩带到王宫中来，想亲眼见识一下。国王见到这个男婴的手指确实可以放光，惊异的说道："果然因果是真的存在的。如果没有因果，为什么这婴儿一出生，手指就能发出光芒？这婴儿前世一定积了不少福德，现在才得到善报的。"

渐渐的，灯指长大了，父亲为他选择了一个门当户对的富家女子作为他的妻子，过着无忧无虑的幸福生活。但是没过多久，灯指的父母相继去世，灯指从小娇生惯养，不懂得管理家业，只是每天过着安逸舒坦的日子，而家里的积蓄越来越少。

这天灯指出门享乐，妻子也回娘家探亲，一伙强盗乘虚而入，抢走了家中仅有的财产。灯指晚上回家发现被抢劫一空，不禁放声大哭，就在这个时候，他那神奇的指头也不再放光了。

可怜的灯指一夕之间什么都没有了，妻子也离他而去，仆人们也四散而去，亲朋好友更是与他断绝了往来。大家害怕他向自己乞讨，只要一看到他，不是急急忙忙躲开，就是大声把他骂走。灯指感到生不如死，不止一次想要自杀，却都没有成功。

灯指心想："想死又死不了，将来日子还那么长，要如何才能过下去呢？"后来灯指走投无路，就去做了抬尸体的工人。

有一天，他正把一个尸体抬到墓地准备放下的时候，死人却紧抱住灯指不肯松手，灯指用尽全力也不能甩开。灯指吓得乱跑，想要找人解救，可是没有人帮他，反而还骂他怎么背着尸体到处乱跑，然后用石头丢他，丢得他头破血流。灯指不禁难过地说："我本来家中富有，没想到现在却过着这样的生活，哪知道又有冤魂跟着我，我背的尸体竟然不离开我。我就算背着尸体也要回到原本的家，宁愿和尸体一起死，也不愿以后背着尸体苟且偷生。"

于是灯指背着尸体来到自家空宅，说来奇怪，灯指一到家，死尸就掉在了地上。这时灯指忽然看见死尸的手指闪闪发亮，再仔细观察竟发现是黄金。他拿小刀割开尸体，发现尸体的全身骨骼都是金子。这下灯指发财了，他的富贵更胜从前，妻子、僮仆都回来投靠他，亲戚朋友也都回来找他，灯指叹了一口气说："运势一去，所有一切都幻灭，生活有如地狱一般。运势一来，连尸体都变成黄金，之前无情的人立刻变得好像没事，对我依旧喜爱。"

经历了这些事，灯指看破人生，不再迷恋富贵繁华，把一切财物施给贫苦大众，之后放弃荣华富贵，出家修行，每天精勤修习，最终成为阿罗汉，但是尸宝还是紧紧随着他，不肯离去。比丘们看了，合掌问佛陀："灯指比丘因为什么因缘，从出生以来就指头发光？又是什么因缘要遭受大贫困？而且尸宝为什么一直跟在他身边呢？"

佛陀回答："好几世以前，灯指比丘出生在波罗奈国一个富有家庭里。当他还是小孩子的时候，有天在外面玩得太晚，等到天黑回家时，家里的门窗都关了，他大叫开门也没有人来应门。过了很久母亲才来为他开门，他于是生气地骂母亲：'全家都死光了吗？还是有盗贼来抢劫？怎么没人帮我开门！'造了这种口业，他死后堕入地狱，并且这辈子遭受贫困，至于指头发光及尸宝的因缘，则是另一件事。从前有一位佛名叫毗婆尸，他入涅槃后，佛法流传到世间。灯指当时已经长大，成为富豪。有天他到塔寺恭敬礼拜之后，见到佛像有一根指头破落，他马上花钱用金箔修补佛指。修好后，他祈愿能因为修治佛像的功德，以后得到尊豪富贵，如果漏失金钱，之后还能寻得。因为上辈子帮佛像修补指头的因缘，所以今世得到指头发光以及死尸成宝的福报。"

佛陀说："在佛像前面种下微小的福德因缘，竟可以得到如此大的福报，甚至到了他将要进入涅槃境界时还跟着他。可以想见如果对如来法身种植福因，对于修行的功德将不可限量；相反的，恶业也将遭到苦报。"

从前波斯匿王听到两个侍从在对话，一个说："今天我所有的一切都是因国王所赐。"另一个说："我什么都不依靠，只凭自己的命运来获得。"

国王一听很喜欢前者，便先遣人去皇后那里交代一些赏赐的事，接着便叫那侍者端着国王喝过的半杯酒，送去给皇后。

但天不从人愿，侍者流起鼻血来，只好由那位凭自己命运做事的侍者送去给皇后，皇后因而给他很多赏赐。

得到赏赐的侍者回报给国王，国王觉得讶异，立刻叫之前的侍者来问原因，侍者说："我刚走出门就流鼻血了，所以才请他代送国王的酒给皇后。"

国王叹气说："我现在终于了解佛说的'自作其业，自受其报'。业力是谁也无法更改的。"

"种如是因，得如是果。"善恶之报如影随形。不该得的福报，怎么都强求不来；是自己的福报，别人也抢不走。

淡然心语：

古语说："种瓜得瓜，种豆得豆。"佛语有云："种下什么因，就得什么果。一切皆有因缘果报。帮助了别人，就能够得到别人的帮助，而伤害了别人，也许某一天会受到同样的伤害。"

3．众生皆有佛性

佛家认为，一切众生都有佛性，只是渐渐被红尘所遮盖，心灵渐渐被贪、嗔、痴三毒控制，离佛境越来越远，离地狱越来越近了。只要勤加修炼，扫除魔性，又可复归于佛。

印度夏天的天气是非常炎热的，七月十五日，是僧众们自由活动的日子，即佛欢喜日，也是解夏的日子，更是信徒们表达虔敬之心的僧宝日。在这一天，通常信徒们会备办食物、鲜花等东西，来供养有修有证的出家人，希望借着供僧的福德因缘，增长自己的福慧。

早晨的曙光刚照射到皇宫的屋顶，阿育王便迫不及待地起床梳洗，吩咐随从侍卫打点好一切。几天前，阿育王便差人到精舍送递邀请帖，礼请精舍的所有出家人七月十五日到皇宫来应供，接受他的虔诚供养。阿育王为了慎重起见，亲自四处察看一切是否就绪，饮食、医药、卧具、衣服四种供养是否齐全，应供的座位是否安排妥当，中午时分，一千余位出家人，身着橘黄色的袈裟，手捧着应量器，踏着三千威仪的步伐，按照顺序鱼贯进入皇宫，接受阿育王的供养。阳光照射在他们的袈裟上，绚烂的光芒霎时照得皇宫更为金碧辉煌。

依照当时印度的习俗，即使是九五之尊的国王，供养沙门僧侣，也要行五体投地礼拜之仪。因为有修有证的出家人是出世间的导师，是人天师范，是弘扬佛陀圣教的使者，是众生的福田，堪受众生的恭敬。阿育王端肃恭敬地献上供养。并且一一向各位出家人顶礼。

礼拜到最后一位出家人的时候，却是一位年仅7岁的小沙弥。阿育王眉头一皱，赶忙将小沙弥拉到帷幕里面，避开所有的卫兵宫女，腼腆地对小沙弥说："小沙弥，我是万民景仰的国王，至尊至贵，今天不得不依照国家的礼俗，向稚幼孩童的你顶礼膜拜，如此难为情的事，你千万不要告诉别人啊。"阿育王说完，摘下璀璨的皇冠，万般无奈地匍匐于地上，行起五体投地礼。

忽然，小沙弥笑嘻嘻地从座位上爬了起来，然后，突然将手中的瓦钵往空中抛掷，飘然一跃，腾飞在空中，瓦钵应声变大，小沙弥忽而钵外，忽而钵内，忽而钵沿，手足舞蹈、姿态曼妙。钵中突然涌出一股清澈的水柱，水柱中喷出一条殷红的火舌，小沙弥奋身跳入水火之中，忽而火中出水，忽而水中出火。小沙弥就像一条蛟龙，悠游自在，看得阿育王瞠目结舌，惊得说不出话来。

小沙弥如一片树叶轻落地上，若无其事地对阿育王说："国王！刚才我在空中嬉戏，在钵里翻筋斗的事，你也千万不要告诉别人哦！"说完他大摇大摆地走出了宫门。

这时，阿育王才恍然大悟，原来小沙弥是已经了脱烦恼、神通自如的阿罗汉尊者。他懊悔自己的无知短见，与圣弟子失之交臂。第二天上朝的时候，阿育王把顶礼小沙弥的事告诉了大臣们。大臣们听了便议论纷纷："你是我们最尊敬的国王。你的头最为尊贵，卑微幼小的小沙弥怎么能够承受你的礼拜？"

阿育王却说道："你们认为我的头最为尊贵，现在我们就来进行一项试验吧！看看这世界上什么人的头最尊贵无比。"

于是，阿育王就派遣了两位大臣化妆成平民百姓。一个人手持肥壮的猪头，一个人拿死囚犯的人头，佯称为阿育王的头颅，分别去街道上叫卖，看看哪一个价钱比较好。大约一盏茶的时间过去了，卖猪头的大臣喜滋滋地禀报卖了一两钱，而阿育王的头因为百姓们害怕惹来无妄之灾，无人问津。

最后阿育王召集大臣们说："国王的头甚至不及猪头来得有价值，能够礼敬三宝，向圣贤真理谦卑顶礼的头，才是世间最尊贵的头。"

淡然心语：

大海就是由一滴滴的水汇聚而成，小小的蚂蚁联合起来，力量也是巨大无比的。世间有很多小东西，不要因为其小，就忽略了其价值和意义，而心生怠慢。佛家讲求众生平等，所以对于小人物应该平等对待和尊重。

4. 欲得福报，先植福因

人生难免一死，应趁有生之年多做一点善事。

明朝时，有一位小沙弥，住在普陀山的寺庙里。有一天，他心血来潮，想到郊外走走。他远眺普陀山的最高峰，心想普陀山是观世音菩萨的道场，感应奇迹应该有很多，在那最高的山峰说不定有道场或修行人呢。

于是在好奇心的驱使下，他就往普陀山最高峰走去。一路上蔓草丛生，荆棘遍布，小沙弥不畏艰险地爬上最高的佛顶山。没想到山顶竟然是一片平原。他站在山顶上往下一看，普陀山尽收眼底，他非常开心地四处游走，想看看到底有没有人在此修行，可是走了许久，也没有发现一个修行的人。正在他失望之余，他发现地上有一块石碑，而且石碑上还写着四个大字“慧济禅寺”。

小沙弥对“慧济禅寺”这四个字感到很熟悉，也感到很亲切。他心想：“这山峰以前一定有人在这里建过道场，不然怎么会有这样一块石碑存在呢？前人都能在这里建寺庙，为什么我不能建一个寺庙呢，不如我在这里建一个寺庙，好让更多的人来这里修行，就这样决定了。”

小沙弥充满自信的回到山下，向师父说：“师父，在普陀山最高的山顶上，我发现还有一片平地，以前好像建过道场，弟子想去那里建一个道场，不知师父意下如何？”

师父听到小沙弥说想在佛顶山建道场，觉得他是异想天开，于是就对他说道：“你有没有弄错，就凭你一个人想到佛顶山建道场，你要知道，光是搬木材上山就是一大难题了，更何况是在那里建造寺庙！你真是太天真了，也太不自量力了。要建自己去建吧”。

小沙弥说：“弟子已经发愿了，如果师父不帮忙，那弟子只好自己去建了。”

师父听了又说：“你以为建道场就像堆积木那么容易吗？你自己好好去想想吧，真是乳臭未干的小孩，我不想再听了。”

许多师兄知道小沙弥年纪轻轻就想建道场，都来劝说：“小师弟，算了，还是好好修行吧，不要自找麻烦了，赶快打消这个念头吧。”

小沙弥感到大家都这样打击他，看不起他，心里虽然很难过，但是他更加下定决心，要做给大家看看。于是他拜别了师父，走向大殿，跪拜在观世音菩萨的圣像前，虔诚地默默祈祷：“观世音菩萨，弟子发愿要建一个道场，请菩萨保佑弟子，使弟子完成宏愿。”

俗语说：“人有善愿，天必从之。”但是小沙弥发愿要在佛顶山兴建道场，的确是一件不容易的事。小沙弥左思右想：“要兴建道场，首先就要去化缘，因为只有有钱才能买木材，请工人来兴建道场。”

于是小沙弥就满怀信心地走向人多的闹市。有时候一家一家的去化缘，有时候就站在闹市的门口，有时候几天也化不到缘，有时候还要遭人的白眼，有时候会化到一些残羹冷炙。

就这样不知不觉已经过去三年了，小沙弥仍然在大街上敲着木鱼挨家挨户去化缘，可谓尝尽了人间的冷暖，他头发不知道有多久未剪，衣服破旧不堪，乍一看去，像一个又脏又穷的小乞丐，这样就更不容易化到缘了。

有一天，他伤心流泪地走到河边，看到潺潺的流水，想起悠悠的岁月！又想到三年换来的是理想的破碎，于是悲从中来，在河边号啕大哭，心想兴建道场原来只是一个不可以实现的梦，他已没有信心再走下去了。

于是他灵机一动，看看被他敲了三年的木鱼，早已破旧不堪了，不如把它放入河里，求菩萨保佑，看木鱼漂流到哪里，他就到哪里化缘，不再漫无目标地化缘了。于是他就把木鱼放入河里，他也跟着木鱼跑。奇迹竟然出现了，木鱼漂到某处竟然停在那里打转不再漂下去了。小沙弥心想，这里一定有大护法吧！否则木鱼怎会在此打转呢？于是他赶快把木鱼捞起来，可是当他捞起木鱼后，才看到这里根本看不到什么大户人家，连一个人影也没有，只有一大片的树林，小沙弥心想木鱼既然漂流到这里停下来，那就在这里敲木鱼吧！

于是小沙弥在河边就念着：“南无观世音菩萨，南无观世音菩萨。”一心念着菩萨圣号，手中敲着木鱼，可是三天三夜也没有看到半个人影。

在这儿附近有一个富贵人家前，这个富贵人家中的老夫人卧病在床已有数年光阴了，虽然儿子在朝为官，也聘请各地名医前来医治，服尽名贵中药，仍然毫无起色，但是连续三天来都听到远处传来的木鱼声，使她忘记了痛苦，更感到心里舒爽愉悦。于是老夫人唤来仆人，并对仆人说：“你们赶快去找那位敲木鱼的人，也许我的病体只有那位敲木鱼的人才能治好。”

仆人听了老夫人的指示，循着细微的木鱼声寻去，终于在河边看到小沙弥，并对小沙弥说："老夫人有请，请您跟我走一趟吧。"

小沙弥因为三天三夜没吃东西，连一点儿走路的力气也没有了，于是仆人搀扶着小沙弥来到富人家中。

"回禀老夫人，这位就是敲木鱼的人。他已三年没理发，三年没换衣，三年没鞋穿，三天没吃饭了。"仆人向老夫人禀告说。

"真可怜啊！快吩咐下去，立即准备斋饭、僧衣、罗汉鞋，并请来剃头师父，先替小师父安顿吃穿的问题再说吧。"老夫人指示仆人赶快去办。

一会儿的功夫，小沙弥就恢复了原来清净庄严的模样。老夫人看小师父容光焕发的样子，心里也舒服了一些，于是对小师父说："你怎会落到这般凄惨呢？"

小沙弥就把发愿兴建道场的事，一五一十地讲给老夫人听。老夫人听完以后，感慨地说："真是观世音菩萨感应呀！想不到我花那么多钱，请来各出名医，服尽名贵中药都不能治好的病，自从听了您敲的木鱼声之后，身体的疾病居然不治而愈了，这真是不可思议呀！您明天起不用再化缘了，兴建道场的事，就由我来为你处理吧。"老夫人讲完，即刻吩咐仆人去请在朝为官的儿子，叫他赶快去普陀山的最高峰兴建道场。

儿子知道菩萨的感应事迹也很高兴，立即命人上山兴建道场。现在普陀山的最高峰佛顶山的慧济禅寺，就是这样建成了。

淡然心语：

俗语说："人有善愿，天必从之。"佛家认为，一个人若能长期发善愿，造福众生，那么福报就是无可限量的。因为上天以慈悲为怀，对众生的仁爱是无微不至的。所以，只要一心向善，就能够得到天助，也能够得到人助，最后善愿也一定能够实现。

5. 感恩众生，便是快乐自己

假使世间一切众生都不知报恩，普度众生的菩萨对他们也不会有任何嫌恨，而且不图一丝回报，还会继续帮助他们消除烦恼与痛苦。

——布袋和尚

有一个青年名叫光藏，未学佛前，一心想成为佛像雕刻家，因此特别去拜访东云禅师，希望能够得到禅师的指点，学习一些佛像的常识，以便在雕刻方面有所成就。

东云禅师见了他以后，什么都没有说，只是叫他去井边提水。当东云禅师看到光藏提水的情形以后，突然间开口大骂，并赶他离开。因为天色已晚，其他弟子看到这种情形，对他感到颇为同情，就请求师父留光藏在寺中住一宿，让他明天再走。

睡到半夜的时候，他被叫醒，去见东云禅师。禅师以温和的口气对他说："也许你还不知道我昨晚骂你的原因，我现在可以告诉你，白天我看你提水的时候，水都溢出桶外，而你却毫不在乎，虽是少量的水，但那都是福德因缘所赐予的。佛像是被人膜拜的，所以对被参拜的佛像，雕刻的人需要有一颗虔诚的心，才能雕刻出庄严的佛像，像你这样不知惜福且轻易浪费的人，怎么能够雕刻佛像？"

光藏听东云禅师的教诲，颇为感动，并对他钦敬不已，于是在深加反省后，终于成为入门为弟子，其佛像的雕刻技艺也独树一帜。

感恩之心，就是对世间所有人和事物给予自己的帮助表示感激。无论生活在何时何处，或是有着怎样特别的生活经历，只要胸中常常怀有一颗感恩的心，就必然会拥有温暖善良的美好品格。

有一次贝比和马伯、吉沙两位朋友一起旅行。三人行经一处山谷时，马伯失足滑落。幸而吉沙拼命拉他，才把他救上来。

马伯于是在附近的大石头上刻下："某年某月某日，吉沙救了马伯一命。"

三人继续走，吉沙跟马伯为了一件小事吵起来，吉沙一气之下打了马伯一耳光。

马伯跑到沙滩上写下：“某年某月某日，吉沙打了马伯一耳光。”

当他们旅游回来，贝比好奇地问马伯为什么要把吉伯救他的事刻在石上，而将吉沙打他的事写在沙土上？

马伯回答：“我永远都感激吉沙救我。至于他打我的事，我会随着沙滩上字迹的消失，而忘得一干二净。”

人的一生会收获很多，但是有些东西是需要忘记的，这样才能以轻快的步伐，走在人生的前列。

爱因斯坦说：“每天我都要无数次地提醒自己，我的内心和外在的生活，都是建立在其他人的劳动基础上。我必须竭尽全力，像我曾经得到的和正在得到的那样，作出同样的贡献。”

多年前一个感恩节的早上，有对年轻夫妇的一家人极不愿醒来，他们不知道如何以感恩的心过这一天，因为他们实在是穷得可怜。

没多久这对夫妇就争吵起来。随着双方吵得越来越凶，这个家庭最长的孩子眼看着这一切，只觉得自己是那么的无奈和无助。

突然沉重的敲门声在耳边响起，男孩前去开门，一个高大男人赫然出现在眼前。男人穿着上身皱巴巴的衣服，满脸的笑容，手提着一个大篮子，里头满是各种东西：一对火鸡、塞在里面的配料、厚饼、甜薯及各式罐头等，全是感恩节大餐所不可少的。

这家人一时都愣住了，不知道是怎么回事。门口的那人说道：“这份东西是一位知道你们有需要的人要我送来的，他希望你们晓得还是有人在关怀和爱你们的。”

起初，爸爸还极力推辞，不肯接受这份礼，而那人却说：“我也只不过是个跑腿的。”带着微笑，他把篮子搁在小男孩的臂弯里转身离去，身后飘来一句话：“感恩节快乐。”

就是那一刻，小男孩的生命从此就不一样了。虽然只是那么小小的一个关怀，却让他晓得人生始终存在着希望，随时有人，即使是个陌生人，在关怀着他们。在他内心深处，油然生起一股感恩之情，他发誓日后也要以同样方式去帮助其他有需要的人。

到了18岁时，他终于有能力来兑现当年的许诺。虽然收入还很微薄，但他在感恩节里买了不少食物，不是为了自己过节，而是去送给两户极为需要的家庭。

当他到达第一户破落的住所时，前来开门的是位拉丁妇女，带着提防的眼神望着他。她有6个孩子，数天前丈夫抛下他们不辞而别，目前正面临断炊之苦。

年轻人开口说道："我是来送货的。"随后他从车里拿出装满了食物的袋子，里头有一对火鸡、配料、厚饼、甜薯及各式的罐头。见此，那个女人当场傻了眼，而孩子们也爆出了高兴的欢呼声。

这位年轻妈妈操着生硬的英语激动地喊着："谢谢，谢谢！"

年轻人有些腼腆地说："我只是个送货的，是一位朋友要我送来这些东西的。"随之，他便交给这位妇女一张字条，上头这么写着："我是你们的一位朋友，愿你一家都能过个快乐的感恩节。"

看到张张笑脸，他对自己有能力帮助他们，内生一股感恩之心。他的人生竟是一个圆满的轮回，年少时的悲惨时光竟指引他一生以帮助他人来丰富自己的人生。就从那一次的行动开始，他开始了不懈的追求，直到今日，以行动回报当年他及家人所得到的帮助。

这个年轻人就是美国最成功的心理励志专家，全球顶尖潜能成功学权威安东尼·罗宾。

当一个人懂得感恩时，便会将感恩化为一种充满爱意的行动，实践于生活中。一颗感恩的心，就是一粒和平的种子。

感恩是一种处世哲学，感恩是一种生活智慧，感恩更是学会做人，成就阳光人生的支点。

淡然心语：

感恩是一种生活态度，是一种品德。如果人与人之间缺乏感恩之心，必然会导致人际关系的冷漠。不懂得知恩图报，反而忘恩负义之人，必是遭人唾骂的无耻之人。一个人只有懂得感恩，才会懂得付出，懂得付出后，才能获得感恩。一个能够感恩、惜福的人，就是最富有的人。

6. 逆境磨练心志

道路平坦了，心反而不在目标上了。只有在坎坷的路上行走，才能磨炼一个人的心志。

从前在一座寺院中，有一个小和尚，他每天清晨都要担水、清扫寺院。做完这些事情以后，他还要去很远的一个市镇上购买寺中一天所需的日常用品，回来以后他还要诵读经书到深夜。

有一天，他发现，虽然别的小和尚偶尔也会被分派下山去买东西，但他们去的是离寺院很近的市镇，而且路途也很平坦。于是，小和尚就问方丈："为什么别人都比我悠闲自在呢？即没有人强迫他们干活，也没有人督促他们读经，而我却要忙个不停呢？"方丈只是微笑不语。

第二天中午，当小和尚扛着一袋小米从后山走回来的时候，方丈叫住他，并带他来到寺的前门。这个时候的太阳已经偏西，放眼望去，前面山路上出现了几个小和尚的身影，当小和尚们走到寺院的前门时，方丈就问那几个小和尚："我一大早让你们去买盐，路这么近，又这么平坦，怎么回来得这么晚呢？"

几个小和尚回答道："方丈，我们一路上说说笑笑，看看路边的风景，不知不觉就到这个时候了。已经快十年了，我们已经习惯了，每天都是这样的啊！"

方丈于是又问身旁侍立的小和尚："寺后的市镇那么远，而且路途又不平坦，你扛了那么重的东西，为什么回来得却比他们还要早些呢？"

小和尚回答道："我每天走在路上，都想着要早去早回，由于肩上的东西太重，我才更小心去走，这样一来，反而走得越来越稳、越来越快。转眼十年了，我已经养成了习惯，我的心里只有目标，没有道路了！"

方丈闻言大笑，说："如果道路过于平坦了，心反而不在目标上了。只有在坎坷的路上行走，才能磨炼一个人的心志啊！"

这个当年的小和尚就是著名的玄奘法师。后来他在去西天取经的途中，虽然历经千难万险，重重阻碍，但在他的心里，却一直闪耀着执着的光。

还有这样一个故事，说某地有两个和尚，一个贫穷，一个富有。

有一天，穷和尚对富和尚说："我想到佛教圣地南海去朝拜，你觉得如何呀？"

富和尚用怀疑的口气问道："来回好几千里的路程，你要怎样才能到达目的地呢？"

穷和尚说道："我只需要一个喝水的瓶子，一个吃饭的泥盆就足够了。"

富和尚听了哈哈大笑，无不讽刺地说道："几年以前，我就下决心想租一条船到南海去朝圣，就凭我的条件，到现在还没有办到。而你就想拿一只破玻璃瓶子，一个泥瓦盆就想到南海去？真是白日做梦！"

一年以后，富和尚还在为租赁船只筹钱，穷和尚已经从南海朝圣回来了。

淡然心语：

逆境能够磨炼一个人的意志，顺境却往往会使人意志消沉、不思进取。所以，在身处逆境的时候，没有必要去怨天尤人，要坚持下去，要有执着的精神和韧性，总有一天会发现，自己会变得更加坚强，成功会离自己越来越近。身处顺境的时候，也不要放松懈怠，而是要常常激励自己努力进取。

7. 珍爱当下便是尊重生命

我们必须确知：人只要是活在错误当中，他也不得不活在烦恼当中。而人最大的弱点是姑息自己，苛求别人。

——耕云先生

佛经上记载着这样一则故事：

从前，在一片茂密的大森林里，住着一群孔雀。孔雀王有五百个妻子，但它把五百个孔雀妻子都抛弃了，爱恋上一只青雀。

这只青雀最喜欢吃甘露和一种美味的果子，所以，孔雀王每天清晨都踏着露水，到森林里去吸取甘露，并寻找那种果子给青雀吃。

有一个国家的王后患了重病，久治无效。有一天，王后做了一个梦，她梦见一只孔雀，用人话对她说："您的病，只有用孔雀的肉才可以治。"王后早上醒来把这个奇怪的梦马上告诉给国王。

国王听了以后，立刻命令全国的猎人都去这片树林里捕捉孔雀。

王后还对大家许诺说："要是有谁能捉到活的孔雀治好我的病，我就把小女儿许配给他，并赏他黄金一百斤。"

于是，猎人们纷纷出去搜寻孔雀。其中一个猎人发现了孔雀王，一连几天，都悄悄地跟在孔雀王后面，发现它常去采果子。

为了能捉到活的孔雀，猎人想出一个好办法，他将拌了蜜糖的面粉调成糊状，抹在孔雀王常常经过的树枝上。

孔雀王发现了这种食物，心想青雀一定非常爱吃，便带回一些给青雀，青雀果然非常喜欢。于是，孔雀王每次去采果子的时候都要带点这种食物回去给青雀。

过了一段时间，猎人见时机已到，就把同样的面糊抹在身上，躺在地上，一动也不动。

孔雀王像往常一样来取这种面糊，冷不防被猎人以极快的速度抓住了。

孔雀王知道自己跑不掉了，就对猎人说："你这样想方设法地抓我，一定是想得到什么，我可以告诉你一座宝库，那里面应有尽有，它的价值真是难以估计，如果你得到它，你这辈子，甚至你的世世代代都不会受穷了，你放了我吧。”

猎人说：“我怎么能相信你的话呢，王后已经许诺说，谁要是捉住孔雀，就会得到一百斤黄金，还许诺将女儿嫁给我呢！”说着猎人就将孔雀王捆了起来，并带回去献给了国王。

孔雀王被猎人带到国王面前时，对国王说：“仁慈的大王啊，请给我一点水，我对着它念过咒语以后，喝了就可以治百病。若是没效，再杀了我不迟！”

国王听了觉得也有道理，便同意了，他拿孔雀王念过咒语的水给王后喝，王后喝了这种神奇的水，立刻觉得精神焕发，身体恢复了健康，而且变得比以前更加年轻、漂亮。

国王又把水分给宫里的其他人喝，个个都变得活力无限、神采奕奕。

大家都很高兴说：“幸好国王没有杀孔雀王，才能得到仙水，医好这么多有病的人。”

孔雀王又说：“大王，我虽然医治了宫里那么多人的病，但外面还有很多百姓，受着疾病的折磨，所以我要对附近的湖水施法术，这样，整座湖的水都可以治病，老百姓只要喝了湖水，任何病痛都可以痊愈了。若不灵验，您可用棍杖打断我的脚。”国王答应孔雀王的请求。

于是，孔雀王来到湖边，跳到湖中，念了一遍咒语。老百姓饮了湖水之后，果然病全都好了，个个都欢天喜地，他们心里都非常感激孔雀王。

孔雀王见自己已经脱离了危险，便飞到树上，对国王说：“陛下，您可知道，这世界上最傻的三个人是谁吗？一个是我，一个是捉我的猎人，还有一个是大王您。”

国王听了感到很奇怪，便问道：“你说的这话是什么意思？”

孔雀王说道：“人们都说美色如同烈火，可是这火是会烧掉自己性命的。我说我自己傻是因为，我有五百个妻子，却还是不满足，我把她们都舍弃了，唯独喜欢青雀，想要娶青雀为妻。为了讨她欢心，我每天早晨都去寻找她爱吃的果子，我跑来跑去地就像差役一样，最后被猎人捕获，结果差点儿送了自己的命。

我说猎人傻，是因为在他捉住我时，我曾经真心诚意地对他说我知道一座秘密的宝库，可是他不要无穷无尽的宝库，却偏偏听信王后的话，一心想要国王您的女儿为妻。王后的病早就治好了，可是她还不提许给猎人的承诺，而猎人偏偏要信她的，这猎人不是很愚蠢吗？

而大王您，费了那么大力气才得到我，凭借我神奇的法术而治好了很多人的病，可是大王您竟然轻易地把我放了，这就是大王您的愚蠢了。”

说完孔雀王拍拍翅膀，腾空而去。

人生最可怜的事，不是生与死的诀别，而是当面对自己所拥有的，却不知道它是多么的珍贵。

大卫·葛雷森说：“我相信，现在未能把握的生命是没有把握的；现在未能享受的生命是无法享受的；而现在未能明智地度过的生命是难以过得明智的。因为过去的已去，而无人得知未来。”

智慧的人多能顿悟人生，看淡尘世的物欲，抵御各种诱惑，舍弃烦恼和痛苦，踏踏实实做些有利于社会的事情。愚蠢的人混沌人生、贪求名利，在烦恼和痛苦中过早地耗尽自己的生命。

有一位国王，常为过去的错误而悔恨、为将来的前途而担忧，整日郁郁寡欢，于是他派大臣四处寻找一个快乐的人，并把这个快乐的人带回王宫。这位大臣四处寻找了好几年，终于有一天，当他走进一个贫穷的村落时，听到一个快乐的人在放声歌唱。循着歌声，他找到了正在田间犁地的农夫。

大臣问农夫：“你快乐吗？”

农夫回答：“我每天都很快乐。”

大臣喜出望外地把自己的使命和意图告诉了农夫。农夫不禁大笑起来，他又说道：“我曾因为没有鞋子而懊恼，直到我遇到了一个没脚的人。”

每个人总是看重自己的痛苦，而对别人的痛苦忽略不计。当自己痛苦不堪的时候，要是能够换一个角度来思考，痛苦的程度就会大大减弱。

懂得珍惜的人，每一天都是新的。拂去外表的尘埃，就会感受到生活的真谛。珍惜拥有就是对生命的尊重，也是对这个世界最好的报答。

淡然心语：

很多人总是羡慕别人所拥有的一切，总是埋怨自己得到的太少，从来不懂得珍惜自己身边所拥有的。珍惜所拥有的一切吧，一切都不必苛求，用感恩的心去对待所有的人和物，你会发现，这个世界是如此的美丽。

8. 命运是最公平的审判官

你不必和因果争吵，因果从来就不会误人。你也不必和命运争吵，命运它是最公平的审判官。

在一座寺院里，有一个乐善好施的方丈。

有一天，一个只有一只手的乞丐来向方丈乞讨。

方丈毫不客气地指着门前一堆砖对乞丐说："你帮我把这砖搬到后院去吧。"

乞丐生气地说："我只有一只手，怎么搬呢？不愿给就不给，何必捉弄人呢？"

方丈什么话也没说，用一只手搬起一块砖，说道："这样的事一只手也能做的。"

乞丐只好用一只手搬起砖来。他整整搬了两个小时，才把砖搬完。

方丈给了乞丐一些银子，乞丐用手接过这些银两，很感激地谢过方丈。

方丈说："不用谢我，这是你自己赚到的钱。"

乞丐说："我不会忘记你的。"说完深深地鞠了一躬，就上路了。

过了一段时间，又来了一个乞丐到寺院乞讨。方丈同样把他带到屋后，指着砖堆对他说："把砖搬到屋前就给你一些银子。"但是这位双手健全的乞丐却鄙夷地走开了。

弟子不解地问方丈："上次你叫乞丐把砖从屋前搬到屋后，这次你又叫乞丐把砖从屋后搬到屋前，你到底想把砖放在屋后，还是屋前？"

方丈对弟子说："砖放在屋前和放在屋后并不重要，但是搬不搬对乞丐来说，就不一样了。"

又过了几年，寺院里来了一个穿着很体面的人，他气度不凡，只是缺了一只手。他就是当年那个用一只手搬砖的乞丐。自从方丈让他搬砖以后，他找到了自己的价值，然后靠自己的拼搏，终于变成了一个富翁。他这次到寺院来是拿了一大笔钱向寺院捐献的。

就在他走出寺院时，他碰到了一个乞丐向他乞讨。那个乞丐就是原先那个双手健全而不屑于搬砖的乞丐。他依然是一个乞丐。

方丈对他的弟子们说道：“你们看到了吧，这就是命运。命运是靠手掌握的，但跟几只手没有关系。”

淡然心语：

没有人生来就是富翁，也没有人天生就是乞丐，人生是要靠自己的手去创造的。财富是要靠自己去努力争取的，有的人之所以成为了富翁，是因为他们付出了很多的辛苦，而那些贫穷的人们多半是不愿意争取和付出。

9. 无常乃世间实相

世俗的快乐找不到永恒的幸福，因为时间使任何东西都是无常的。

——《法露缘》

佛经中记载着佛陀涅槃的故事：

佛陀在他的应身年龄到了八十岁的时候，带着阿难行化到速婆罗塔，许多比丘也都聚会到这里。

佛陀对大家说：诸比丘，今天在这里和你们相遇很好。我告诉你们，我要讲的，对你们都已讲过，我没有想你们弟子是我的，众生是我的，我可以命令大家，我不过是你们当中的一个，常常和你们大家在一起。我要讲的都讲了，佛陀没有秘密，我不会给人压迫，要人来服从我。你们要知道，所有的佛都是不慑众的。

我应身的年龄老了，旧的车子要坏，用修理来保养，不是永久的办法。我在三个月后，于拘尸那迦罗城的娑罗双树间将依着法性进入涅槃，获得无上的安稳。我会永久的照顾你们，照顾一切信仰我的众生。

佛陀涅槃的确实日期一公布，弟子们大惊，在弟子们的心中，顿觉日月无光，天地旋转起来。佛陀又说：你们不要伤心，天地万物，有生就是无常之相，无论怎样，都逃不了这个定律。我过去不是向你们说过吗？所爱的必定有散失时候，会合必有分离的时候，人间精神与物质所合的身体，既是无常的，就不能如人们所想的自由。肉体的生命不能永久长存，我不是常这样说吗？

佛陀顺着法性进入涅槃，这是法的自然表现。要佛陀的应身永久的住于世间，这是违背法性的自然规则，我是宇宙真理的示现者，我当然不能违背法性的自然规则。你们假若要我永久住于世间，而你们却不依着我所指示的教法而行，就算我活了千千万万岁，又有什么用呢？你们若能依我的教法而行，就等于我永久活在你们的心中，我的法身慧命，会遍于一切处和你们及未来的众生共在一起。

二月十五日夜，西山上高悬着一轮满月。佛陀进入拘尸那迦罗城。他吩咐阿难在婆罗双树间敷座设床，头朝北面朝西。

佛陀看看时间要到，他慈祥地对诸比丘和皈依的弟子们做最后的叮咛：

弟子们，你们不要悲哀，我在世上就是把肉体的生命活上数千万年，和你们共同在一起，但有会合就有别离，这是不变的道理。

我要度的众生皆已度尽，还未度的众生，皆已作了得度的因缘。现在已没有让肉体继续存在的必要，你们随顺我的教法而行，就是我佛陀的法身常在之处。

听到这一席话，阿难再也忍不住内心的悲伤，但他又怕佛陀看到自己的眼泪，于是就走到附近的寺院里，身体靠着大门失声恸哭起来。他心里想："真是让人伤心，我现在还是个徒弟，还没有悟道，而法师却要离开我了。"

长老们把阿难叫了回来。佛陀对阿难说："阿难，不要忧伤烦恼，更不要哭泣。我跟你说过，我们往往要与最亲密的东西分割开来，这是一种规律。内部含有消散的因素，又怎么能够不让它消散？阿难，这些年里你一直是我最亲的人，你的爱，你的善心从来没有改变。你不仅在口头和思想上，而且还有行动上，都做得很好。阿难，只要你精诚努力，一定会得到解脱。"

佛陀度化了他的最后一个弟子须跋陀罗。然后，他保持狮子卧的姿势进入了涅槃。

万种之王因陀罗说：

"万物皆迁流，生则必死，死则愉快。"

长老们说："毫无欲念的佛陀已安静地躺在这里，他以坚定果敢的精神忍受了死亡的悲痛，结束了自己的生命。他终于永远从业障中解脱出来了。"

淡然心语：

因缘聚则生，因缘散则灭，一切因缘都是生灭无常的。惟有因缘触发，我们才能觉悟不生不灭，觉悟永恒。无常本来是世间的实相，升天是自然的道理。佛不慑众，故如涅。对觉悟了的人来说，未觉悟的只是还没有觉悟而已。

10. 识得一切因缘果报

佛曰：万有皆从因缘生。

舍利弗和目犍连两人是好朋友，而且两人都是著名的宗教学者。他们经常在一起研究佛法。尽管他们两人学识已经很渊博，但总认为自己还没有获得真理，于是两人相约，如果谁有了什么新的见闻，就相互告知彼此，然后互相切磋。

有一次舍利弗去京城办事，遇见一个披着袈裟的人走在街上，神情严肃，他觉得很奇怪，就跑过去跟他交谈："先生，从您的穿着看像是一位宗教师，而且您的态度雍容肃穆，看起来很有修养的样子。请问您的大名叫什么？您所信奉的是什么宗教？"

"我叫阿说示，我信奉佛教。"

"什么是佛教？你们的老师是谁？"

"是迦毗罗卫国的太子出家成佛后所创立的佛教吗？我听人家谈起过的。那么，请教你们的教义说些什么？"

"本师释迦牟尼佛。"阿说示合掌恭敬地答道。

"佛教的教义广博渊深，我修学的日子还不长，不知道的还很多，只是常常听见本师说：'万有皆从因缘生。'这就是佛陀的中心理论。"

舍利弗接着说道："听起来很是玄妙，您能把'万有皆从因缘生'的道理给我讲得详细一点吗？"

"就拿这棵树来说吧。"阿说示手指着路边的一棵树说道："这棵树之所以长这么大，首先必须先要有一粒树种子。这就叫'因'。同时在生长过程中，必须有土壤、肥料、水分、温度、空气种种条件。这就叫'缘'。因缘结合，才能使一棵树生长，这叫'因缘所生'。如果缺少了水土等条件，因缘的离散，树就会干枯致死。所以，万有的消灭，还是由于因缘。树就是这样从因缘生起的，其他一切万物也都如此，从因缘生起。宇宙间的任何事物，都不能逃出'从因缘生'的定律。一个人的苦乐贫富、智愚，也都是由于过去思想行为的‘因’，后来的家庭、教育、社会环境等条件为‘缘’，这些都是从因缘所生起的。”

阿说示滔滔不绝地说：“有些人，不懂得因缘的道理，以为人生的诸事都是偶然的，并没有什么原因。那么，如果没有种子、水、土的因缘，一棵树怎么会凭空生长呢？一棵树一定要从树的种子生起，绝不会从毫无关系的石头、瓦块生起。一个人的遭遇也是一样的，是自己的业力和环境造成的，并不是由于另外的什么神的主宰赏罚。一个人的遭遇，固然由于许多因素决定，但是现在的努力是更要紧的。能够知道万有皆从因缘生，把握到正确的因果关系，就可以确定自己行为的价值，知道怎样去努力创造光明的前途。”

舍利弗听了阿说示说的话，立刻解悟到佛的真理。他回去以后邀目犍连，带领了两百个学生，一同从佛出家。后来，他俩分别成为了佛陀门下智慧第一与神通第一的两个大弟子。

淡然心语：

佛家认为，一切的因缘果报，都是由自己的心念所感召。世间万事万物都是有因果才得以存在。一个人只有坦然面对自己所遭遇的境况，积极地生活在当下，才能够幸福快乐。

第三章
放下执念，菩提自现

佛经上说，未断我爱，不入洁净。知道迷惑并不可怜，不知道迷惑才最可怜。人之所以痛苦，在于追求错误的东西。如果你不给自己烦恼，别人不会给你烦恼，皆因自己的内心放不下那些无穷的欲望。

1. 自命不凡是幻灭的开始

不要在你的智慧中夹杂着傲慢，不要使你的谦虚心缺乏智慧。

有一座寺院，接纳了一个年方14岁的流浪儿，他不但脚勤嘴快，而且头脑非常灵活。灰头土脸的流浪儿在寺里剃发沐浴之后，变成了干净利落的小沙弥。大家都很喜欢他。

法师一边关照他的生活起居，一边苦口婆心地教他为僧做人的道理。小沙弥接受和领会都比较快。法师又因势利导开始引导他习字念书、诵读经文。小沙弥不负众望，居然都学会了。

但小沙弥刚学会几个字，就拿着毛笔满院子写、满院子画；一旦领悟了某个佛理，就一遍遍地向法师和其他僧侣们炫耀；更可笑的是，当法师为了鼓励他，夸奖他几句，他马上就在众僧面前显摆，似乎别人都不如他。看到小沙弥心浮气躁、骄傲自满的不良行为，法师想了一个用来启发、点化他的办法。

这天，小沙弥值更的时候，法师送来一盆含苞待放的夜来香，让他注意观察花卉夜间开花的情景。

第二天一早，小沙弥欣喜若狂地抱着那盆花主动敲开法师的门，当着众僧的面大声对法师说："您送给我的这盆花太奇妙了！它晚上开放，清香四溢。太美了。只是，一到早晨，它却收敛了香花芳蕊。如果它白天能开，让别人看见就好了。"

法师温和地对小沙弥说："它晚上开花的时候，吵你了吗？"

"没有，"小沙弥高高兴兴地说，"它的开放和闭合都是静悄悄的，怎么会吵到我呢？"

"原来是这样啊，"法师微笑着说，"老衲还以为花开的时候还得要吵闹着炫耀一番呢。这种花儿叫夜来香，它就是在人们睡熟的夜晚静悄悄地开，但人们还是记住了它。"

聪明的小沙弥听后，脸刷地一下就红了，喏喏地对法师说："弟子领教了，弟子一定痛改前非！”

这个弟子经过法师的苦心教育，此后，一改以前锋芒毕露的毛一病，很得师兄们的夸赞。

还有这样一个寓言故事：

在一片大森林里，有一只非常聪明的狐狸。因为有好几次，许多凶猛的动物来袭击，小狐狸都转危为安，聪明地逃脱了。

一天下午，狐狸独自散步。刚走到湖边，它意外地发现了自己的身影很巨大。这个新发现让它很高兴，它更相信自己不但聪明，而且还是森林中最了不起的动物。

正在得意忘形之际，远处来了一只狮子。狐狸看到狮子，一点都不怕，心想，凭自己的聪明还对付不了它？这时，太阳西斜，它拿自己的影子和站在东边的狮子相比较，结果发现自己的影子比狮子还大，就不理睬狮子，自得其乐地在那里继续散步。

狮子刚开始还疑惑狐狸为什么不躲开，后来趁它毫无防备时，一跃而上，把正在得意忘形的狐狸咬死了。

淡然心语：

得意忘形、自命不凡只能给自己带来伤害甚至毁灭。而那些功底深厚的人，反而诚信笃行，保持低调。在人的成长中，随着社会的不断发展，今天的优势，明天有可能就成为劣势，所以，千万不要自命不凡。

2. 关闭一叶窗，开启一扇门

当你手中抓住一件东西不放时，你只能拥有这件东西，如果你肯放手，你就有机会选择别的。人的心若固执自己的观念，不肯放下，那么他的智慧也只能达到某种程度而已。

日本的北野禅师年轻时云游四海。20岁那年遇到一个喜欢抽烟的人，两个人结伴走过一条山路，休息时，那人拿出一袋烟，当时北野禅师觉得饥饿，因此就接受了，并且向那人称赞烟味很好，那人离开前，送给北野禅师一根烟管和一些烟草。

“这样令人舒服的东西，也许会侵扰禅定，我应该抛掉，以免成为习惯。”北野禅师担心自己会着迷，所以他把烟草和烟管都丢弃了。

三年后的一个冬季，北野禅师需要寒衣，就写了一封信，托一位旅人带给远在他乡的老师。但是整个冬季快过去了，老师也没有衣服或者信件寄来。

那段日子北野禅师正在学习易经，自认有成，他就利用易经占卜，卜出托去的信并没转到老师手里。后来，他收到老师的信，信上根本没有提到寒衣这事。北野禅师并不因此沾沾自喜，反而生出警惕之心，如果我的占卜如此准确，也许会坏了我的禅修课程。

他放弃学习易经，28岁的北野禅师，又迷上书法和汉诗，每天努力研究和练习，果然进步神速。当他听到老师频频称赞时，北野禅师另有想法：“如果我再不停止，就会成为一个书法名家或诗人，而不是一名禅师。”

这并非他的愿望，于是，北野禅师不再继续钻研，回头专心一意去学禅，最终成为一位禅门大师。

做选择是相当困难的，如同艰苦的实践一样，你得全力以赴，并让自己充满力量。

人的一生匆匆而又短暂，有什么样的选择，就决定要过什么样的生活。一定要按自己想要的方式去选择生活。一个正确而明智的选择在某种意义上来说决定了生活的品质。

按自己的方式选择生活，是对自己的生活负责，是对自己人格的重视。按自己的方式选择生活，就能活出一个真实而自由的自己。生活是平淡的，但是，如果用心去选择，就会体会到平淡中包含的美。

人的一生都充满选择，每一个选择，都可能强烈影响未来的人生，也可能造成生命中永远的遗憾。你选择了什么，生活将会给你什么。

在一座监狱门前，站着三个人，他们将一起在这里度过三年的时光。监狱长允许他们三个人一人提一个要求。

第一个人爱抽雪茄，于是要了三箱雪茄；第二个人非常浪漫，要了一个美女做伴；第三个人提出要一部能够与外界沟通的电话。

三年很快过去了。第一个冲出来的是那个要了雪茄的人，嘴巴里塞的都是雪茄，一边跑，一边大声叫道："快给我火！"原来他进来的时候忘了跟监狱长要火了。

接着，第二个人也出来了。他左手抱着一个小孩，右手和那位美人共同牵着一个小孩。美女挺着大肚子，里面还怀着一个小孩。

最后出来的是第三个人，他快步来到监狱长的面前紧紧地握住他的手说："太感谢您了，在这里我也学到了更多的更新的经商理念。这三年来，我能够时刻与外界保持联系，生意不但没有停顿，反而增长了两倍。"

佛陀在《杂阿含经》中曾说道："心恼故众生恼，心净故众生净。"就像画家，能依着心意，随意画种种图画。所以，心如果时时起着负面的念头与思想，那么生活自然而然就会与烦恼相应。相反，心如果时时怀着慈悲、喜悦与祥和的念头和思想，那么生活自然而然会与快乐相伴。

生活是实际与残酷的。所有的岁月终究会过去的，只有做出正确的选择，才能在回首往事时对自己说：我没有白来过，也没有白活过。

生活的全部艺术，其实有时可以用两个字来概括，那就是"选择"！今天的任何一个选择，都关系着未来。命运并不神秘，从"选择"做起，把握命运的密码，把握属于自己的幸福。

因此，在人生的每一个关键时刻，需要审慎地运用智慧，做最正确的选择，同时别忘了及时审视选择的角度，适时调整。从各个角度来看待问题，放弃无谓的固执，冷静地做正确抉择。每次正确无误的抉择将指引你走向通往成功的坦途。

人生无时无刻在我们不期然中，面对着各种选择。

佛陀教导我们：“世间是缘起的。”这意思就是说世间所呈现的各种事物与现象都是由各种因缘条件聚合而生起的。因此，它绝不是孤立的，更不是一成不变的。想要某一事件或现象的发生，只要赋予它生成所必需的因缘条件，它就自然而然会依循着因果的规则而生。

同样，人生活在这世间，都受着因果法则所制约与支配，如果懂得如何善用所掌握的因缘条件，将可改变命运，创造出更美好的今天与未来。

在面对生活中逆境时的心境，并非没有选择的余地。只是因为错误的认知与想法，往往不期然的选择了让心境沉淀在于事无补的抑郁与忧伤里。如果此时能很快地改变一下想法，认识到逆境只是人生过程中一种因缘的展现而已，一种使我们省思和增长智慧的机会与历练，心情就不会随着逆境而转变。每天要用什么样的心境来生活，事实上都只在一念之间的选择而已。

任何一件事都有正反两面。在面对逆境时，如果能调整好心态，时时从正面的角度来思考、选择，放下得与失的执着心，必然能摆脱苦恼，安住在喜悦中。

你可以选择悲观、消极的心情，让今天生活在烦恼、沮丧中。也可以选择乐观、积极的心情，让今天生活在充实、愉悦中。那么请问，你的选择会是什么呢？

淡然心语：

重复昨天的行为，只能得到昨天的结果，选择旧的行为，只能收获旧的果实，要想取得和原来不一样的结果，就要完全打破原来的模式，选择不一样的行为。

3. 放下方能释然

如果你不给自己烦恼，别人也永远不可能给你烦恼。因为你自己的内心，你放不下。

有一天早晨，黎明的曙光正向着大地展开的时候，佛陀在河畔散步。忽然，远远的地方，一个青年像发狂似的向佛陀奔来，口中还不住地叫着："我苦啊！我苦啊！"

青年终于跑到了佛陀面前。佛陀用慈悯的眼光看着他，他也怀疑地看着佛陀。终于佛陀的庄严之相摄住了他发狂的精神。他跪在佛陀面前说道："您是不是大慈大悲的佛陀？请您慈悲救救我吧，我是迦尸城的耶舍，我实在被生活困惑得不安。旭日高升的白天，声色财利困扰得我没有休息的时候；华灯初上的黄昏，舞姬们又集合起来举行豪华的宴会。当初，我也曾为此陶醉迷恋过一时，但日子久了，我真寻找不出这其中的乐趣。昨夜，当宴会结束的时候，我拖着疲乏的身体，颓靡地回室就寝。正在昏沉朦胧之际，我做了一个噩梦，再也不能入眠。我就从床上起来，走出寝室。忽然我看到我私爱的舞女同一个音乐家正在戏弄。我当时再也无法忍耐，怒火在我的胸中燃烧起来。我的神经也就错乱了，因此，发狂似的，半夜就从家里跑出来了。我一路盲目地狂奔，像被一股什么力量驱使着似的，让我在黎明的时候，跑到了缚罗迦河的这边来。我看您大概就是被人称为大觉者的佛陀吧，请求您救我，我心中实在很烦闷。"

佛陀慈祥地用手抚摸着耶舍说道："年轻的善男子，我正是你所说的佛陀。你不要烦恼不安，你见到我自会安稳自在。你现在可以把心静下来想想：世间有永久不散的筵席吗？人生哪里能永远亲密地住在一起？你不要悲伤，这个世界上一切都是无常的。我们的身体尚且不能依赖，哪里能要求别人都属于我们自己？你得度的机缘已到，你就把这一切放下罢！"

耶舍听到佛陀的法音，像甘露似地滋润着他被怒火烧着的心灵。他再看看佛陀慈祥的面容，激动得流下泪来。他跪在地上痛切陈情，要求佛陀准许他出家。

佛陀又再用悲悯的眼光看着耶舍，说道："耶舍！你现在立刻回家去吧。你的双亲这时候都在焦急地挂念着你。出家，并非离开家庭才叫出家。身上虽然穿着出家人的衣服，而心却有着世间的俗情，人虽居住在深山老林，但却不能忘怀世俗的一切功名利禄，这怎么能算是出家呢？如果身上虽然穿着华美的服饰，而心却光明清净，能降服烦恼的怨敌，对人没有怨亲的分别，还能以真理教化世人，这才可说是真正的出家。你要出什么样的家呢？"

"佛陀！您开示出家的意义，我全部了解，也能接受。我请求佛陀允许我出家，做一个真理的传播者，做您的一名弟子。"

佛陀当即答应了耶舍的请求，接纳耶舍成了一名佛家弟子。

淡然心语：

生活中，总会有一些世俗的烦恼缠身，让人感到身心疲惫。如果找不到摆脱烦恼的办法，不如抛开心中的杂念，让那些虚无的意念烟消云散，少一些胡思乱想，多一些淡定从容，内心里就会感到释然，生活也就随之轻松自在。

4. 抛却执念，才能感悟生命的灵性

佛曰：“忧生于执着，患生于执着。凡无执着心，亦无所忧患。”

有一位名叫黑指的婆罗门来到佛前，他运用神通法术，弄来两个花瓶，两手各拿一个前来献佛。

佛陀对黑指婆罗门说：“放下！”婆罗门就把他左手拿的那个花瓶放下。

佛陀又说：“放下！”婆罗门又把他右手拿的那个花瓶放下。

佛陀还是对他说：“放下！”

黑指婆罗门感到很不解，就问道：“我已经把花瓶都放下了，现在手里什么都没有了，请问，我还要放下什么？”

佛陀说：“我并没有叫你放下你手中的花瓶，我要你放下的是你的六根、六尘和六识。当你把这些都放下的时候，你就从生死桎梏中解脱出来了。”

佛家有一句经典的话叫作“两头俱截断，一剑倚天寒”。就是叫我们在做人、做事的时候要把握重心、实实在在，去除那些浮华、虚伪的心态。倘若是心中存了自然的法则，生活就会过得平静而怡然。

佛曰：“戒嗔，戒执着。执着如渊，是渐入死亡的沿线；执着如尘，是徒劳的无功而返；执着如泪，是滴入心中的破碎飞散。”

如果能够破除一切执着尘劳，丢掉身外乱性的贪婪和物欲，就能获得身心的自然安宁。然而世上有多少人能够不让各种欲望占去清醒时刻，多一些时间来追寻生命的意义呢?

《列子·周穆王篇》有这样一个故事：周国有一个姓尹的富翁，总是把手下干活的仆役累得从早到晚忙碌，连气也喘不过来。他自己整天苦心经营，也弄得心力交瘁，到了晚上，倒头就呼呼睡去了。

睡梦中，他梦见自己成了别人家的佣人，奔走干活，样样都做，挨骂挨打，吃尽了苦头。

富翁不堪痛苦，便去求教朋友。朋友告诉他说：“你夜里梦见做人家的仆佣，这是劳苦和安逸彼此往复的理数之常。你想醒时和梦里都获得快乐，哪有这么便宜的事”

富翁听了朋友的开导，心里立时大悟，从此宽待仆役。不久，便感到果然减轻了不少心头的痛苦。

世界上有许多诱惑，金钱、桂冠、权贵，都是身外之物，只有生命才是最真实的。

人们总在各种执着中翻滚，不知不觉间白墙染成灰黑，不知不觉间把人际间的成见固筑为怨憎壁垒。

执着是坚持错误。众生常常去追求高于现实的东西，为何不回转心念，拿出部分爱心，照顾一下自我的心灵。

世间经常见到，有人追求快乐，却多得到痛苦。苦乐皆有因缘，亦为人自造。苦苦追求，何以得到苦苦？因为执着是众苦之源。

淡然心语：

人活着之所以感到累，就是因为总被种种外在的事物所迷惑，总期求得到的越多越好，以至肩上的担子越来越重。如果放下执着，烦恼就是菩提，人生就是解脱。

5．烦恼即菩提

人生是苦的，充满烦恼，但如果放下执着，苦就是空，烦恼就是菩提，人生就是解脱，是谓现证涅。

——明海

有一个信仰婆罗门教的梵志，有一天要赶到一个村落，为当地的信徒举行一场祭祀。他日夜兼程不眠不休，生怕错过了卜算选好的吉日良辰。他翻山涉水，行走在蛮荒瘴疠的崇山峻岭之中，抬眼一看，天边一朵漆黑的乌云，迅速地飘移过来，洒得天空一片水墨图景。霎时豆大的雨滴，叮叮咚咚地倾泻大地，怒吼着奔向低洼的山谷。梵志无奈，只好栖身在一棵大树之下，等待雨过天晴之后，再继续赶路。

渐渐地雨势变小了，雨声走远了，天空织结成一张网幕，缀满一颗颗如钻石般晶莹剔透的星星。梵志从树丛中钻出湿淋淋的身体，抖落一身玲珑的水晶，披着点点的星辰，继续未完成的路程。

借着微弱的星光，沿着崎岖陡峭的崖壁，梵志艰难地行走在下过雨后泥泞的山路上。黑暗中，山狰狞地耸峙，张牙舞爪好似要把梵志吞噬入腹。梵志战战兢兢地移步向前，突然脚下一滑，踩到一堆烂泥，身体失去重心，一个踉跄，跌入了山谷，身体顿时像断翼的飞鸢，迅速地向谷底坠去。危难之中，他急中生智，张开双臂向暗黑的夜空乱抓。一阵盲乱的抓取，突然触到了倒挂于寒岩隙缝的树丫，梵志赶忙用胳膊顺势一钩，人就像一只折翅的蜻蜓，悬挂在半山腰，上下不得。

梵志惊魂未定，心想：如此的黑夜，如此的荒山恶野，什么人能够来救我呢？难道我就这样无声无息地埋骨青山吗？要是释迦牟尼佛在此就好了，佛陀一定会无缘大慈、同体大悲，运用他的神通变化，以平等心来救护我这个异教徒呀！心念千百转，悔恨交加。梵志正在转动心念，忽而天堂地狱，忽而地狱天堂，念念刹那生灭的时候，突然听到一阵安详慈和的声音说：“梵志！你真的祈望我能救你吗？”

“那不正是佛陀的法音吗？梵志仿佛见到一线光明，扯开嗓子声嘶力竭地向崖上大喊：“慈悲的佛陀！我就知道您无处不现身，求求您赶快救我上去吧！”

“要我救你很简单，但是你要依照我的话去做，我才救得了你呀！”佛陀语重心长地说。

“佛陀！都到什么节骨眼了，只要能救我上去，我什么都依照您。”梵志殷切地请求。

“那么请你把攀住树枝的手放下，我好救你。”佛陀平静地说。

梵志一听佛陀要他放下赖以维系生命的树根，仿佛霹雳击顶，石破天惊地大嚎：“这怎么可以？如果我放掉树枝，我不就跌入山谷之中，粉身碎骨了吗？说什么我也不放下。”

“你不放下，我怎么救你上来呢？”佛陀轻轻地锁着眉头。

其实，梵志离谷底不到一米。

淡然心语：

人生要进步，要快乐，要成功，就需要丢弃根深蒂固的窠臼，放下愚昧迂腐的知见。如果紧握无明愚痴不放，生命将是死寂，充满烦恼。放下处，有更宽阔的转圜；放下时，才能有更多的拾得。

6．鹬蚌相争，渔翁得利

我们必须确知：人只要是活在错误当中，他也不得不活在烦恼当中。而人最大的弱点是姑息自己、苛求别人。

——耕云先生

过去有两个毗舍阇鬼，他们共同拥有一口竹箱、一根木杖、一只鞋子，但是他们经常为了财产所有权的归属问题，竟日怒目相向，争吵不休。

有一天，二个毗舍门者鬼又为了争东西而互相叫骂：

“这些东西是我先发现的，应该归我所有。”个子矮小的鬼理直气壮地吼着。

“我是前辈，长幼有序！依照我们鬼界的规矩，这些箱子、杖子、鞋子，应该孝敬老子我。”年纪较大的鬼倚老卖老地说。

两个鬼正吵得不可开交的时候，一个人恰巧经过，看到两个鬼为了破箧坏履而大打出手，甚为纳闷，满脸疑惑问道：

“奇怪，这个竹编的箱箧已经腐朽不能装载东西，这根木杖也不能支撑身体，至于这只木屐鞋子，更不能穿着行走，它们究竟有什么奇异的功能，使两位大哥如此的争吵，势在必得呢？”

“这你就不知道了，说到这三样宝贝，可神奇了。这个竹箱子，你想要什么漂亮的衣服、美味的食物、值钱的珠宝，只要对着它呼叫，它便会倾箱倒箧地吐出来，满足你的需求；这根手杖是天下无敌的利器，有了它，便无敌不摧，所向披靡；这只破鞋子就更不可思议了，穿了它，可以翱翔天际，谁也抓不到你了。”两个鬼异口同声地抢着回答。

这个人听了两个鬼的一席话，怦然心动，但是表面却若无其事地淡淡说道：

“你们两位整天如此地争吵也不是办法，这样好了，我来为你们做一个公正的评判，决定这三件宝贝应该属于谁享有，不知两位意下如何？”

“好啊，听说你们人的智慧比我们鬼高超，心地比我们鬼慈善，如果能借用你的智慧，一定能够很平等无私地判决这些宝贝的所有权。” “那好，现在请两位退后，我好方便将这些稀世难得的宝贝平均分配给你们啊！” 这个人脸上闪烁着诡异的笑意。

毗舍门者鬼听到人的建议，赶忙往后退了几尺，这个人就在两个鬼退后的时候，突然迅雷不及掩耳地抱起竹箧，抓着拐杖，穿上木屐，向空中飞腾逃逸而去。两个鬼看到人诓骗了他们的宝物，气急败坏地大骂：

“你这个骗子，你不是承诺要为我们公平分配宝贝吗？怎么可以言而无信，欺负我们鬼的善良，巧取豪夺呢？”

“两位为了这些东西整天反目成仇，争斗不已。我为了让你们永远没有争执，只好委屈我自己代为保管这三件宝贝！现在你们谁也得不到任何宝贝，这不是平等无争的判决吗？谢谢两位了！” 人很得意地带着宝物飞扬而去，留下两个毗舍门者鬼互相瞪着眼睛。

淡然心语：

鹬蚌相争，永远是渔翁得利。不懂得共荣之道，必将两败俱伤。每个人都是凡人，所以不要总认为别人都是错的，自己是对的，把自己也放进去，心才能平和，这样才能更好的与人相处，不但帮助了别人，还能帮助自己。

7. 世上本无事，庸人自扰之

佛说：不可执着，修行最大的功夫就是“转”，不执着烦恼，自可安然自在。

有一次，白云禅师和师傅方会禅师对坐。方会问：“听说你从前的师傅灵喻和尚大悟时说了一首诗，你还记得吗？”

白云答道：“当然记得。那首诗是：我有明珠一颗，久被法牢关锁，一朝法尽光生，照破山河星朵。”白云的语气中不免有了几分得意。

方会听完大笑数声，一言不发地走了。白云感到很奇怪，不知道师傅为什么笑。他心里感到很烦闷，整天都在想方会师傅的笑，却怎么也想不明白他大笑的原因。有一天晚上，他辗转反侧，难以入眠。

第二天，白云实在忍不住了，一大早就赶去问师傅，那天为什么大笑而去。方会禅师笑得更开心，对着因为失眠而眼眶发黑的弟子说：“原来你还不如一个小丑，小丑不怕人笑，你却怕人笑。”白云听了，豁然开朗。

智者说：烦恼都是自找的。每个人都曾有过烦恼或正在经历烦恼，事实上，这些烦恼都是我们自找的。一个浮躁的人往往乐于自寻烦恼。

在日常生活中，自己跟自己生烦恼的事比比皆是。从佛教来讲，自己跟自己生烦恼也是不对的，因为它也是生死的根本，也是需要转化断除的对象。如果自己不给自己烦恼，别人也永远不可能给你烦恼。

很多时候，我们会陷于别人的评论之中，别人的语气、眼神、手势，都可能搅扰我们的心，消灭我们往前迈进的勇气，甚至使我们整天沉迷在白云式的愁烦中不得解脱。

对待人际关系时，要化解烦恼，要使自己不被烦恼所困扰，首先一条就是要求自己，要优化自身，要学会谅解他人。很多时候很多事情本来都是无意的，但是就有那种小心眼的人总要对号入座，自找烦恼。

古人讲：天下本无事，庸人自扰之。这就是烦恼。自找烦恼，有时是由于不能谅解他人。往往一句无意之中说出来的话，自我烦恼的人听了就对号入座，以为是在讽刺挖苦他，自己跟自己过不去，烦恼起来了。最后可能会打起架来，甚至于弄出人命。

不知道谅解他人的人，应该说也不能善待自己；自己会善待自己，也就一定能够谅解他人。所以，处理人际关系当中的烦恼的第二个方法，就是要能够谅解他人。

要学会要求自己，不要把眼睛老盯着别人，在利益面前、名誉面前，在一切好事坏事、吃苦享乐等等面前，总要先检点自己、要求自己。有好事让给别人，这就是修行，这就是慢慢地在提升自我。久而久之，就会变成一种自觉的行为。

淡然心语：

佛说：不可执着。烦恼就像天空上的一片乌云，如果心中是一片晴空，那么烦恼不会对你有丝毫影响。不自找烦恼，就是智慧。

8. 攀比迷乱人的心性

人最忌讳跟别人比较，因为比较容易起分别心。分别心会使人产生贪、嗔、痴三毒，引导一个人不断追求，从而否定自己原来的生活。

——郑石岩

有一位师父收了两小沙弥，两个人都很在意师父的青睐，彼此谁也不服谁。这位师父害有严重的腿痛，两条腿随着天气的阴霾而发作。为了治好多年的风湿症，每夜睡觉前，师父就召唤两位小沙弥轮流来按摩双腿，他叫大徒弟按摩右腿，叫小徒弟按摩左腿。

过了一段日子，有一天，轮到大徒弟按摩右腿的时候，大徒弟正在用心地操、压、捏、捶、敲、打，师父突然开口说："瞧你长得这么个大块头，粗手粗脚地把我抓得好痛，一点也比不上你的小师弟，力道用得恰到好处，既不痛也不痒；你应该感到惭愧，好好向你师弟请教，见贤思齐，不耻下问，你才会进步。"

大徒弟被师父一盆冷水兜头泼下，心里百味杂陈，他心想：都是小师弟工于心计，在师父面前拍马屁，拨弄是非，有朝一日一定要还以颜色，洗雪羞辱之耻。师父在大徒弟面前夸奖小徒弟的灵巧，在小徒弟面前也同样赞叹大徒弟的细心，轮到小徒弟按摩左腿时，师父也说了："小沙弥，你不可以轻心慢心，学学你师兄的细腻体贴，他每次按摩我的腿时，一点也不马虎大意，哪像你隔靴搔痒，一点也不着力。"

师父是一番用心，拈来"现前一段西来意"，以教育弟子，但是小徒弟也愤愤不平：一定是大师兄在师父面前破坏我的形象，害我挨了师父的教训，有一天誓必让你后悔莫及。师父在大徒弟面前夸赞小徒弟的好处，在小徒弟面前称扬大徒弟的优点，在师父是以佛眼视众生，人人都是圣贤，应该效仿尊重，但是两位弟子却怀凡夫心态，各有心结，彼此嫉妒猜疑。

有一天，有一家信徒的父亲举行八十大寿的庆生法会，师父就派大徒弟前往诵经祝祷。小徒弟看到师兄去施主家祈福消灾，拍掌欢喜，报复的机会来了，平常任你如何对师父谄媚殷勤，今天趁你不在家，把你按摩的右腿打断，没有腿可以按摩，看你又如何鼓动不烂的三寸长舌，赢得师父的专宠喜爱。

主意既定，假意要为师父舒通筋骨，趁其不备，把师父的右腿“咔嚓”一声，活生生地折成两段。小徒弟看到自己的精心杰作，也不管师父的伤痛，得意洋洋欢笑雀跃，脑际浮现出大师兄气愤、着急、无奈，顿首捶足、气急败坏的模样，小徒弟嘴边的笑意更深了。

大徒弟诵完经，赶回寺院向师父请安，一看他负责按摩的右腿，不由怒火中烧，气愤填膺，一定是小师弟搞的把戏，我也把你按摩的左腿折断，让你也没有腿可以按摩。大徒弟以牙还牙，也把师父的左腿打断了。

淡然心语：

一个人的自信不是靠跟别人攀比来获得的，意气用事的结果，只能把事情弄得更糟。要想让自己更加自信，只有踏实地完善自我，才是可取之道。

9. 除却偏执，才能拥有平和的心性

佛家认为，一切性格实际上都是偏执，都是要去除的，最终都要修成平和的。

当释迦牟尼佛还在人间宣扬佛法时，有一个人因为自己的父母死了，又没有兄弟姐妹，感到人生十分无常，所以就请求佛陀让他出家。

他每天不吃不喝，也不睡觉休息，拼命用功修行，可是却不见自己的道行有所增进，因此觉得十分失望。

释迦牟尼佛知道了，就问他说："你没出家以前是做什么工作呢？"

"拉胡琴。"

"如果琴的弦太松，会怎么样？"

"会拉不出声音来。"

"如果太紧了呢？"

"太紧弦会断，根本没法子拉了。"

"如果把弦调得恰到好处呢？"

"那就可以拉出美妙的音乐了。"

做事要讲求方法，过与不及都不能获得成功。如果找出正确的方向，持续努力，必能事半功倍。

还有这样一个故事：

有一个人天生性格孤僻，长年累月一直生活在穷乡僻壤的山间，不愿意与外人往来。

有一次，他为了办一些事情特地进了城。城里面富丽堂皇的建筑，以及时髦的人群，让朴实的乡下人看得眼花缭乱，目瞪口呆。

乡下人像是刘姥姥进了大观园，好奇地东张西望。他走着走着，突然和迎面而来的一个人撞了个满怀。仔细一瞧，竟是自己多年未曾联系的老朋友。

老友非常高兴，便把乡下人请到了家中。两人各自诉说这么多年的境遇。

老友让妻子准备了一桌丰盛的酒席招待乡下人。并且殷殷地劝着乡下人："你尝尝这些菜，都是我内人亲自掌厨的拿手好菜；你品味一下这壶酒，这可是我收藏了许多年的好酒，陈年老酒要拿来招待多年好友啊！"

老朋友的热情款待，让乡下人感到异常开心，一时间主客觥筹交错，对饮起来。酒菜飘香，欢笑声此起彼落。酒酣耳热之际，女主人端出一碗热气腾腾的龙须汤，请客人食用。

主人先喝了一口，味道真是醇美，只是稍微清淡了一些。他赶忙对妻子说："这汤有点淡了，再加一点儿盐会更可口。"

妻子应声从厨房拿出一匙盐，洒在香气四溢的热汤上，请二人再品尝，果然咸淡适中，比刚才好喝多了。

乡下人好奇地问道："这个细细白白如沙粒的东西是什么呀？为什么把它加在汤里面，这汤就变得如此好喝？"

主人解释道："这种东西叫食盐，可在山中是买不到的。"

乡下人听了，有些腼腆地说："乡下人见识少，我还从来没有见过这么美妙的东西，你能不能送我一些，让我的家人也见识见识。"

主人大方地说："没有问题，我送你一大包，你慢慢食用。"于是他慷慨地从厨房里拿了一大包盐送给了自己的老朋友。

乡下人捧着这包食盐，高高兴兴地回家了，并且叫妻子准备饭菜，把全家人召集到饭桌前。他抓起一大把盐，得意洋洋地说："昨天我到朋友家做客，他请我吃饭的时候，在菜肴中加了一点点这个东西，菜就变得美味可口了。现在我们加它一大把，菜一定会更好吃。"

说完，他把手中一把盐都放进菜肴里。经过一番翻炒之后，乡下人夹起菜就往嘴里送，一盘原本很好的菜肴，却变得咸涩无比，叫人难以下咽。

淡然心语：

佛家主张中道。做事情的时候过于劳苦，或者过于懒惰都不合乎中道的精神。生活中过度骄奢或者过于苛责也不恰当。好比盐放的太多或太少，过与不及都不是好事。人生应该追求不偏不倚的中道智慧。

10. 不被外相迷惑，方能超然

人活着为什么会感到很累很累呢？就是因为总被种种外在的事相所迷惑，总期求得到的越多越好，以至肩上的担子越来越重，连步子都迈不开了。

——净慧

珠光是日本荣道的鼻祖，也是一休禅师的门下弟子。因为爱睡懒觉，所以常常会耽误修行、参悟，珠光自己也很苦恼。后来，珠光听说茶能够提神，就抱着试一试的态度开始喝茶。没有想到，果然克服了打盹的毛病，所以珠光对茶非常的用心和重视。一休禅师知道以后，决定利用喝茶来引导珠光觉悟。

一休禅师问珠光："为什么总是喝茶？"

珠光理由十足地说："我现在不再打盹了，这都是喝茶的结果，我是为了提神才喝茶的。"

一休禅师又说道："赵州从谂禅师每逢有人询问佛法大意，他就回答'喝茶去'，你喝茶这么久，有什么想法吗？"

珠光听了以后感到很不解，最后竟然无言以对。

一休禅师于是就让一个小和尚给珠光沏了一杯茶，珠光刚刚接到手里，一休随即大喝一声，一巴掌把他手里的茶杯击落在地上。

珠光还是没有领会，只好合掌辞别。就在珠光一只脚迈出门槛的时候，陡然听到一休喊了一声："珠光。"

珠光下意识地回应："是。"

一休禅师说道："不谈茶道，我们喝茶去吧。"

"柳绿花红。"珠光脱口而出。

一休禅师听了以后，顿感大悦。

禅就像喝茶一样，什么滋味，只有喝茶的人自己能够感受到。一句"柳绿花红"，道出了他喝茶的自然心态。

人生是有限的，而工作是无止尽的，赚钱也是无止尽的，而精力却有限，活着的目的不只是当个守财奴，而是体验生活的美好与价值。

常听一些人喊出这样一句话：“生活实在是太辛苦了。”其实生活本身并不累，不苦。它只是按照它本身的规律在运转。

如果事事都能超然物外，顺其自然，不为目的去行事，那么生活自能多一分恬淡，少一分沉重，生活就少了一分压力，生活也自然轻松许多。

不论是从事什么职业，当你感到很疲倦的时候，一定要学会放下手中的工作和事务，好好休息一下，对自己多一点关怀，学会放松自己。

生活包含的东西太多，要去应付各种各样的事，要去与各种各样的人相处，要学会面对各种各样不合自己心意的事，与各种各样性格不同的人相处，如果不想让自己长期生活在压抑之中，不让自己的琴弦绷得太紧，不让自己活得那么累，那么，就要学会放松，放松一下自己。

淡然心语：

生活完全在于自己的选择，“一张一弛”，文武之道，要学会体验、享受生活。给自己心灵一个小小的收获和欢愉，抓住本应快乐的时光，换种心情生活吧。

第四章
心地清净方为道，退步原来是向前

欲望如平原跑马，易放难收，放下既是解脱。去除欲望不是无所奢求，不是不思进取，而是一种看透人生的处世态度。有佛心的人不去看众生的过错，要认清自己，看清楚自己所做的事。生活如禅，要用心去感悟。

1. 欲望无止境

禅者认为，人必须经过净化，把虚荣心、过多的欲望、成见、偏见等放下来，这样才可能自由地过现实的生活。

——郑石岩

南阳慧忠禅师佛法宏大，被唐肃宗称为“国师”。有一天，肃宗问他：“朕如何才能得到佛法？”

慧忠禅师答道：“陛下看到外面天空中的那片云了吗？能否让侍卫把它摘下来放到大殿里？”

肃宗答：“当然不能！”

慧忠又说：“佛在自己心中，他人无法给予！世人痴心向佛，有的人为了让佛祖保佑，取得功名；有的人为了求财富、求福寿；有的人是为了摆脱心灵的责问，真正为了佛而求佛的人能有几个？是欲望让世人有这样的想法！不要把生命浪费在这种无意义的事情上，几十年的醉生梦死，到头来不过是腐尸与白骸而已，何苦呢？”

肃宗道：“如何才能不烦恼不忧愁？”

慧忠答道：“放弃自身的欲望，放弃一切想得到的东西，得到的将会是整个世界！”

肃宗道：“可是得到整个世界又能怎样？依然不能成佛！”

慧忠问：“你为什么要成佛呢？”

肃宗答：“因为我想像佛那样拥有至高无上的力量。”

慧忠道：“现在你贵为皇帝，难道还不够吗？人的欲望如此难以得到满足，怎么能成佛呢？”

生命如舟，生命之舟载不动太多的物欲和虚荣，要想使之在抵达彼岸时不在中途搁浅或沉没，就必须轻载，只取需要的东西，把那些应该放下的果断地放下。

有一位禁欲苦行的修道者，准备离开他所住的村庄，到无人居住的山中去隐居修行，他只带了一块布当作衣服，就一个人到山中居住了。

后来他想到当他要洗衣服的时候，他需要另外一块布来替换，于是他就下山到村庄中，向村民们乞讨一块布当作衣服，村民们都知道他是虔诚的修道者，于是毫不犹豫地就给了他一块布，当作换洗用的衣服。

当这位修道者回到山中之后，他发觉在他居住的茅屋里面有一只老鼠，常常在他专心打坐的时候来咬他那件准备换洗的衣服，他早就发誓一生遵守不杀生的戒律，因此他不愿意去伤害那只老鼠，但是他又没有办法赶走那只老鼠，所以他回到村庄中，向村民要一只猫来饲养。

得到了一只猫之后，他又想到了“猫要吃什么呢？我并不想让猫去吃老鼠，但总不能跟我一样只吃一些水果与野菜吧！”于是他又向村民要了一头乳牛，这样那只猫就可以靠牛奶维生。

但是，在山中居住了一段时间以后，他发觉每天都要花很多的时间来照顾那头母牛，于是他又回到村庄中，他找到了一个可怜的流浪汉，于是就带着这个无家可归的流浪汉到山中居住，帮他照顾乳牛。

那个流浪汉在山中居住了一段时间之后，他跟修道者抱怨说：“我跟你不一样，我需要一个太太，我要正常的家庭生活。”

修道者想一想也有道理，他不能强迫别人一定要跟他一样，过着禁欲苦行的生活……就这样，半年以后，整个村庄都搬到山上去了。

欲望就像是一条锁链，一个牵着一个，永远都不能满足。

《百喻经》里有一个故事，从前有一只猕猴，手里抓了一把豆子，高高兴兴地在路上一蹦一跳地走着。一不留神，手中的豆子滚落了一颗在地上，为了这颗掉落的豆子，猕猴马上将手中其余的豆子全部放置在路旁，趴在地上，转来转去，东寻西找，却始终不见那一颗豆子的踪影。

最后猕猴只好用手拍拍身上的灰土，回头准备拿取原先放置在一旁的豆子，哪知那颗掉落的豆子还没找到，原先的那一把豆子，却全都被路旁的鸡鸭吃得一颗也不剩了。

年轻时，对于某些事物的追求，如果缺乏理智判断，而只是一味地投入，不也像故事中的猕猴只是顾及掉落的一颗豆子，等到后来，终将发现所损失的，竟是所有的豆子！想想，我们现在的追求，是否也是放弃了手中的一切，仅追求掉落的一颗！

在印度的热带丛林里，人们用一种奇特的狩猎方法捕捉猴子：在一个固定的小木盒里面，装上猴子爱吃的坚果，盒子上开一个小口，刚好够猴子的前爪伸进去，猴子一旦抓住坚果，爪子就抽不出来了。人们常常用这种方法捉到猴子，因为猴子有一种习性，不肯放下已经到手的东西，人们总会嘲笑猴子的愚蠢：为什么不松开爪子放下坚果逃命？但审视一下我们自己，也许就会发现，并不是只有猴子才会犯这样的错误。

因为放不下到手的待遇，有些人整天东奔西跑，耽误了更远大的前途；因为放不下诱人的钱财，有人费尽心思，利用各种机会去大捞一把，结果常常作茧自缚；因为放不下对权力的占有欲，有些人热衷于行贿受贿，不惜丢掉人格的尊严，一旦事情败露，后悔莫及。

人生这部书，是两支笔写成的。一支书写如意时的欢乐，一支书写失意时的沮丧。只有这样，这部书才能有精美的故事，才能经得起品味。

淡然心语：

欲望是没有止境的，无论什么人都有种种的欲望，但是却没有人思考过，在所有的欲望得到满足后，人生还有什么可追求的？其实，人们乞求欲望得到满足的最终目的，是想让自己更快乐一些，更满足一些。如果能够放下心头的欲望，安心地生活，不滞于物，岂不快哉？

2. 不要为了蝇头小利丧失自我

在利益面前，不贪得无厌，时刻想到还有别人，将心比心，这样就容易感到满足。

——净慧

古时候，有一个老婆婆，心地非常善良，每天都吃斋念佛。一天，她跟往常一样在诵读经文，忽然听见外面有人卖香，于是婆婆决定出去买香，以备日后敬佛用。

到了街上，他看到卖香的人竟然是一个出家人，婆婆心里感到很高兴，她心想：能买到出家僧人的香烛，那也是上等的缘分。于是立刻上前施礼道："请称香料二斤。"出家人闻得，便随手在香袋中抓出一把，说："二斤也。"

婆婆见僧人并未过秤，疑其信口胡言，于是要求拿回家称一称，然后再付钱。出家僧人说道："请施主自便好了。"

婆婆回家一称香料，足足有三斤。婆婆心中暗想：他既说二斤，我就给二斤香钱，反正他也不知道有多少。随即出得屋来，告诉僧人道："师父好眼力。"

出家人道："我说二斤你不信，非要称一称，真是麻烦！"说完便收了婆婆二斤香料钱，自东向西扬长而去。

离此不远有一酒家，出家僧人到此歇脚，坐下后，买了一壶酒、一只猪腿，自饮自吃。

再说那位买香的婆婆，将香收好后，心中为贪得一时的便宜而十分高兴，给佛上了香后想到邻居家串门，恰经过酒家门前，抬眼看见出家僧人在独自吃肉喝酒，心中顿生烦恼，想此僧六根不净，那自己方才所买的香烛岂非亦是不洁之物，拿去敬佛，恐怕不妥。于是上前施礼道："出家僧人应谨守清规戒律，一心向佛修行，你既是出家僧人，为何吃肉喝酒？难道是假冒出家人？"

出家僧人听得此言，非但不恼，反而一笑，说道："施主只修口来不修心，错把我三斤当二斤；老僧是修心不修口，既吃肉来又喝酒。”

当下说得这婆婆满面通红、深感惭愧，沉思良久，欲再问以求指点，抬头望之，已空无一人，方知乃神佛降临，指点迷津，于是跪地便拜。自此以后，婆婆幡然醒悟，整理心境，踏实修行，数年后，修成正果。

还有这样一个故事：

从前，有一对夫妇，在一次吃饭时，桌上只有三块大饼，两人各自吃了一块，还剩下一块。这时丈夫想吃，可是妻子不同意；妻子想吃，丈夫也不同意。最后，他们只好打赌说：“我们两个坐在这里，谁也不许说一句话。如果谁先说话，谁就输了，不能吃这块大饼。”

既然已经有了约定，为了这块大饼，他们俩便谁都不说话了。过了不一会儿，有个小偷到他们家里来偷东西，把他们家所有值钱的东西都搜罗在一起。因为有约在先，这对夫妇谁也不想先说话，于是便眼睁睁地看着小偷，一声不吭。那个小偷见他们一声不吭，便当丈夫的面调戏他的妻子。丈夫看着，还是不吭一声。

后来，妻子实在忍不住了，她只好大喊：“你真是个大傻瓜啊！为了一块大饼，见了小偷也不呼喊，甚至他来调戏你老婆也不吭声，你真该死！”

丈夫见妻子说了话，拍手大笑说：“哈哈！你先说话了，你输了，这块大饼该归我了，我绝不给你吃一口！”

淡然心语：

为了贪小便宜，而丧失了自己，是很划不来的，做人就要踏踏实实，说到做到，忠于自己。切忌心口不一，要以切实的行动，去实践自己的理想和目标。

3. 贪婪是恶的根源

现代人无时无刻不在追求快乐，但却被追求快乐的贪念压得透不过气来。我们不断向外追求物欲的快乐，但却疏忽了真正的快乐是知足。

——郑石岩

精舍中有四个和尚在讨论世间什么东西是最苦的。一个说淫欲最苦，一个说饥渴是最苦的，一个说怨怒最苦，还有一个说灾难最苦，他们几个争执不休。佛祖闻听他们的争执，就来到他们中间，四个和尚就请佛祖评判他们谁说的最有道理。

佛祖说："你们所争论的都不是苦的根本。天底下最苦的事情，莫过于不忘肉体之躯。饥渴、寒热、怨怒、色欲、灾祸全都来自于不忘肉体之躯。躯体，乃是众苦的根本，患祸的来源。劳心积虑的，忧郁恐惧的，万物蠢蠢欲动，相互争抢甚至仇视为敌的，自我束缚的，都是由于这血肉之躯的缘故，所以，要脱离世间的苦难，就应求得寂灭其身，收心养性，淡泊无想，能得涅槃之境，这才是最为快乐的事情。"

佛祖又讲了一个故事：

"过去曾有一个和尚，进山学道，遇到四种鸟兽：鸽子、乌鸦、蛇和鹿，跟随在他的左右。他们白天出来乞讨，晚上回到住处。有一天晚上他们互相询问，世间什么最苦。鸽子说色欲炽烈，使人不顾一世，会招来性命之忧，世间诸苦皆由此来；乌鸦说饥渴之时，身体疲惫，头晕目眩，心神不宁就可能投身网中失去性命；蛇说一旦有所怨恨，便不顾别人和自己的关系是亲是疏，既可能去杀人，也可能会自杀；鹿说自己常常害怕猎人和狼虎猛兽，仿佛有声，即惊慌逃窜，所以惊怖最苦。和尚感叹说，看来天下最苦是不忘身啊！"

欲望越多，痛苦也越多。人心不足蛇吞象，什么都想要，最后可能什么也得不到，反而一辈子将自身置于忙忙碌碌、勾心斗角之中。这样活着，未免太累！《论语》里说颜回"一箪食，一瓢饮，在陋巷，人不堪其忧，回也不改其乐。”如果少一些欲望，是不是也会少一些痛苦呢?

从前，有两位很虔诚、很要好的教徒，决定一起到遥远的圣山朝圣。两人背上行囊、风尘仆仆地上路，誓言不达圣山朝拜，绝不返家。

两位教徒走了两个多星期之后，遇见一位白发年长的圣者，这圣者看到两位如此虔诚的教徒千里迢迢要前往圣山朝圣，就十分感动地告诉他们：“从这里距离圣山还有十天的脚程，但是很遗憾，我在这十字路口就要和你们分手了；而在分手前，我要送给你们一个礼物！什么礼物呢?就是你们当中一个人先许愿，他的愿望一定会马上实现；而第二个人，就可以得到那愿望的两倍！”

此时，其中一教徒心里一想：“这太棒了，我已经知道我想要许什么愿，但我不要先讲，因为如果我先许愿，我就吃亏了，他就可以有双倍的礼物！不行！”而另外一教徒也自忖：“我怎么可以先讲，让我的朋友获得加倍的礼物呢?”于是，两位教徒就开始客气起来，“你先讲嘛！”“你比较年长，你先许愿吧！”“不，应该你先许愿！”两位教徒彼此推来推去，“客套地”推辞一番后，两人就开始不耐烦起来，气氛也变了，“你干嘛！你先讲啊！”“为什么我先讲?我才不要呢！”

两人推到最后，其中一人生气了，大声说道：“喂，你真是个不识相、不知好歹的人耶，你再不许愿的话，我就把你的狗腿打断、把你掐死！”

另外一人一听，没有想到他的朋友居然变脸，竟然来恐吓自己！于是想，你这么无情无义，我也不必对你太有情有义！我没办法得到的东西，你也休想得到！于是，这一教徒干脆把心一横，狠心地说道：“好，我先许愿！我希望我的一只眼睛瞎掉！”

很快地，这位教徒的一只眼睛瞎掉了，而与他同行的好朋友也立刻两只眼睛都瞎掉！

原本，这是一件十分美好的礼物，可以使两位好朋友互相共享，但是人的“贪念”与“嫉妒”，左右了心中的情绪，所以使得“祝福”变成“诅咒”、使“好友”变成“仇敌”，更是让原来可以“双赢”的事，变成两人瞎眼的“双残”！

世间，美好的东西实在是多得数不过来，我们总希望得到的要多；让好东西为自己所拥有。

有一对即将结婚的未婚夫妻，很高兴地大喊大叫、相互拥抱，因为他们中了一张“高额彩券”，奖金是七万五千美金。

可是，这对马上要结婚的新人，在中奖后隔天，就为了“谁该拥有这笔意外之财”而闹翻了；两人大吵一架，并不惜撕破脸、闹上法庭。为什么呢？因为这张彩券当时是握在未婚妻的手中，但是未婚夫则气愤地告诉法官：“那张彩券是我买的，后来她把彩券放入她的皮包内，但我也没说什么，因为她是我的未婚妻嘛！可是，她竟然这么无耻、不要脸，居然敢说彩券是她的、是她买的！”

这对未婚夫妻在公堂上大声吵闹，各说各话，丝毫不妥协、不让步，所以也让法官伤透脑筋。最后，法官判决，在尚未确定“谁是谁非”之时，发行彩券单位暂时不准发出这笔奖金！而两位原本马上要结婚的佳偶，因争夺奖券的归属而变成怨偶，双方也决定取消婚约。

人的私心、贪婪、嫉妒，常使人跌倒，重重地跌在自己“恶念”的祸害里。

在不经意中失去的，你还可以重新去争取；丢掉了爱心，你还可以在春天里寻觅；丢掉了意志，你要在冬天里重新磨砺；但如果能丢掉贪婪，你千万不要把它拾起。

欲望太多，成了累赘。还有什么比拥有淡泊的心胸让自己更充实更满足的吗？生命并不是一条直线，而应像棵树一样，我们之中大部分人必须移植后方能开花。

淡然心语：

依照佛家的理论，天下最痛苦的就是忘不了自己的肉体之躯。凡人有种种的欲望，多数人只是在为了满足自己肉体的需求而努力拼搏。如果能够清醒地认识到这一点，不为欲望所束缚，少一分所求，就会多一分快乐。

4. 黄金做成的枷锁最沉重

佛曰："财有五危：一、大火烧之；二、大水漂没；三、县官夺取；四、盗贼劫掠；五、恶子挥霍。"

一个僧人在树林中挖出了一罐金子，呆了一下，忽然惊慌失措地从树林中跑出去，碰到两个非常要好的朋友在林边漫步。他们问僧人道："你为何如此惊慌？"

僧人说："太可怕了，我在树林中挖出了一罐金子！"

两个人心里想："这个傻瓜！挖出了黄金，这么好的事他居然说太可怕了，真是天大的傻瓜！"于是他们问道："在哪里挖出来的？你告诉我们吧！"

僧人说："这么可怕的东西，难道你们不怕吗？它会杀人的！"

那两个人不以为然地说："我们不怕，你只管告诉我们它在什么地方。"

僧人指给他们说："就在树林最西边的那棵树下面。"

两个朋友立刻找到那个地方，果然发现了那些金子。

其中一个人对他的朋友说："那个和尚真是太愚蠢了，人人都渴望的黄金在他眼里居然成了杀人的凶器！"

他的朋友也觉得僧人愚不可及，连连摇头。

他们于是讨论怎么把这些黄金拿回家去。其中一个说："白天把它拿回去太过招摇，还是晚上拿回去好一些，我留在这里看着，你去拿些饭菜来，我们吃完饭，然后等到天黑了再把黄金拿回去。"

另外一个人见他说的有理，就照他说的回家准备饭菜。

留下的那个人心生恶念："这么一小坛金子，一个人要尚且嫌少，何况两人平分，要是这些黄金都归我该有多好呀！"于是心里冒出一个歹毒念头："等一下他回来，我就用木棒把他打死，这样这些黄金就全是我的了。"

回去拿饭的人也在想："金子不多，还要两个人分，要是只有我一个多好啊。"于是在饭里下了毒药。

谁知等他一回到那里，留守的朋友就从背后蹿了出来，狠狠地用木棒打在他的头上，将他打死了，并对着他的尸体说道："为了黄金，我只好这样做了。"

然后他就拿起那个人送来的饭，狼吞虎咽地吃起来了，没过多久，他感觉腹疼如刀绞，他知道自己中毒了，临死挣扎之际才醒悟："僧人说的话真是太对了！"

淡然心语：

钱不能没有，但也不能过分贪求，君子爱财，取之有道。不义之财，绝不能要。

5. 不要被虚名和私利扰乱心性

佛家云，“一寸适九寸魔”，“一念之欲不能制，而祸流于滔天”。

从前，波罗脂国有两个比丘。

一天，它们听说佛陀在舍卫国大开法筵，演说妙法，二人便相约一同前往，听佛陀开示法要。

收拾了简单的行囊，二人便向舍卫国出发了。烈日下，二人挥汗如雨，低头疾行，走着走着，觉得口干舌燥，但一路上却没有半点水源，二人只得耐着口渴，继续往前走。

正当俩人走得精疲力竭时，突然，眼前一亮，一口井就在前面不远处。二人宛如沙漠逢甘霖般，欣喜地前去汲水。

当他们把水汲出井后，却发现水中有虫。这时其中一位比丘，顾不得水中有虫，就迫不及待地一饮而下。

另一位比丘，只是默然地站立于井边，喝了水的比丘见状就问：“你不也很渴吗？为什么现在却不喝了呢？”

这位比丘答道：“佛陀有戒，水中有虫不得饮用，饮了即犯杀生戒。”

喝了水的比丘就相劝说：“您还是喝了吧，不然渴死了，连佛都见不到，更别说听经闻法了！”

比丘听完，不为所动地说：“我宁可渴死，也不愿意破戒而苟活！”

这位坚持不喝水的比丘就因此而丧命了。

但由于持戒的功德力，比丘往生后立即生到天道，当天晚上就以神通力抵达佛所，顶礼佛陀，佛为他说法，他得到了法眼净。

而喝了水的比丘独自一人继续赶路，直到隔日才来到佛所，一见佛陀，立刻五体投地的至诚礼拜。

佛陀以神通智能力得知先前发生的事，他询问道：“比丘，你从何处来？

有没有同伴随行？”

比丘即一五一十地把路上发生的事禀告佛陀，佛即呵斥说：“你这个愚痴的人，你虽然现在眼睛见到了佛，但是却没有真正地见到佛，那位持戒而死的比丘已先你一步来见我了。”

佛陀更进一步说：“若有比丘放逸懈怠，虽与我同住在一起，也能常常见到我，但我却不曾见这样的比丘；若有比丘离我数千里，能精进用功、不放逸，虽然彼此相隔千里之遥，而这样的比丘却能常常见到佛，而佛也常常得见比丘。”

比丘听完佛的教导，若有所悟，羞愧地顶礼而退。

克制自己，才能完善自己，成就自己。若不克制，放纵自己被激情和欲望的魔力牵制，扬其波逐其流，莫说难以成就事业，甚至会自取灭亡，走向可悲境地。

有位禅师叫智隍，曾参拜五祖弘忍大师，自以为得到五祖传授，在寺庙里长坐达20年之久。

六祖弟子玄策游览河北，路过此地，问智隍：“你在这儿干什么？”

“入定。”

玄策问：“你所说的入定，是有心的入定呢，还是无心的入定？若无心的入定，一切草木瓦石，都可以叫入定；若有心的入定，一切有情感知觉的生物都应该得到入定。”

智隍说：“我入定时没有‘有’‘无’之心。”

玄策说：“既然没有‘有’‘无’之心，就是常定。既是常定，又有什么‘出’‘入’呢？”

智隍不能对答，说：“请问你拜谁为师？”

玄策说：“曹溪六祖。”

智隍问：“六祖怎么讲禅定？”

玄策说：“我师父讲：‘五阴本空，六尘非有。不出不入，不定不乱。’”

不久，智隍到曹溪拜谒六祖，陈述了上面的情况。六祖说：“正如你谈到的，要心如虚空，又不执着于空见，无障无碍，动静无心，就如你的自性的样子，何时不定呢？”

智隍大悟。六祖又开示众人说：“什么叫坐禅呢？对外界一切善恶环境不起心念叫坐；对内自性不动叫禅。什么叫禅定呢？对外能摆脱一切现象的干扰为禅，内心不乱为定，外禅内定，就是禅定。”

禅宗认为待人处世，要保持不被外界所牵动的态度，要保持不被贪欲所蛊惑的定心，要保持不被冒犯所激怒的平静，这就叫禅定。

禅宗所推崇的这种禅定，并不是一般的人所能做到，有时候就连那些自认已经有所入定的人也不免口是心非。

宋朝学者苏东坡，有一天突然在学禅上有所领悟，便写了一首诗：“稽首天中天，毫光照大千。八风吹不动，端坐紫金莲。”写毕，便差遣他的书童送给金山寺佛印禅师。佛印看罢，在上头批了字，要书童带回去。苏东坡收到回信，心想佛印一定会大大地赞美那是一首好诗，于是急急拆阅，没想到佛印竟然批着“放屁”二字。他不禁动气了，于是渡江来到金山寺，要找佛印理论。据说佛印很有神通，早就在江边码头等他。两人一见面，苏东坡便责问佛印，而佛印却轻描淡写地说：“你不是已经八风吹不动，端坐紫金莲了吗？怎么会被‘放屁’二字吹过江来呢？”苏东坡哑然无语。

冷静下来就是禅定，能理智地对待所有问题并施爱于人便是真慈悲。能保持禅定的人，不会被他人一时的顶撞所击垮；能修行禅定的人，不会被他人一时的冒犯所触怒。

曾有一只青蛙，想迁徙到远方，便去哀求大雁帮忙。大伙商量后，决定让青蛙咬着一根木棍，再由两只大雁叼着木棍的两头儿，把青蛙带上了天空，向远方飞去。

飞越一座村庄时，有人看到它们，说：“多聪明的大雁呀，把青蛙带到远方去了。”

青蛙听后，心想：“这人笨得出奇，竟然没有看出是我的主意。”

又飞越了一个村庄，另一个人也是这样说。青蛙涌出伤悲，心想：“这世上的傻瓜怎么这么多。”

当飞越了第三个村庄，青蛙听到所有的人都对大雁赞叹不已，再也克制不住自己，十分恼怒地吼道：“你们这群傻瓜，这是我的主意！”

话音刚落，青蛙就重重地掉到地上摔得粉身碎骨。

人们经过青蛙的残骸，纷纷摇头叹息说：“克制不住对虚名和私利的追求而搭上性命，才是真正的傻瓜！”

只有懂得克制自己的人，才能冷静从容地控制局势，不急躁、有次序地前进，进而取得成功。而一个我行我素的人，是难以突破自我的。会克制自己的人，才会为自己创造发展的机会，进而赢得人生的辉煌。

淡然心语：

每个人在走向成功的道路上，都会遇到形形色色的诱惑，而显现出本能的贪欲。如想消除贪欲之心，免去贪欲之害，必须做到克制、忍耐。佛家云，“一寸适九寸魔”，“一念之欲不能制，而祸流于滔天”。学会忍耐，以律己之心克制自己，常思贪欲之害，才能抵制欲望的侵扰，心胸坦荡地走好人生之路。

6. 贪欲是生命的牢狱

被不正确的思想所困住，爱欲强烈，贪图感官享乐的人，欲望便加倍地增长，束缚也因而更坚牢。

从前，有一个男子因一时的气恼而厌恶世人，便决定舍家皈依佛门，信奉佛教。可是，他的身体虽然出家，入了空门，但是心中仍然眷恋着外面的花花世界，为爱欲所束缚。虽然他已经皈依佛门，但是他还经常用香油擦拭身体，用汤水洗浴，讲究身体皮肤的香滑，饮食卧具也很讲究。总之，他的一颗心全被物质所负累着，一刻也不能清闲自在。虽然形式上他已经是个比丘，接受佛门的戒规，然而在行为与思想境界上，他还是一个凡夫俗子，是一个未出家的人，距离佛法圣道，还离得很远。

当时，在摩罗国有一位叫优波笈多的尊者，是一位修行深远、名声远扬的尊者。这位新戒比丘，非常仰慕他的修行，也想让自己解除凡心的束缚，于是前去参访。

尊者问他道："你远道而来想要做什么？"

比丘回答道："我慕名而来，是想听尊者开示佛法要旨。"

尊者观察了他的根基后，知道他还身受束缚，不能解脱，就问他道："那你能不能完全听我讲的话，接受我的教诲，按照我的意思去做？"

比丘坚定地答道："我一定能够，一切都按照您的吩咐去做。"

"你如果已经生起了信心，我就先教你神通，然后为你说法。"尊者说。

比丘高兴地说道："先学神通，好极了！"

于是，尊者带他入山，教他学习禅定，并吩咐他要绝对服从。尊者运用神通力，幻化出一架天梯，对比丘说道："你现在就爬到这架天梯上去。"

比丘依照尊者吩咐爬上了天梯。但往下一望，看见的竟是一个奇深无比的大坑。

此时，尊者却说道："放开你的双脚吧。"比丘只有遵照指示放开两脚。

尊者又让他放开一只手，比丘也遵照指示放开了一只手。但叫他再放开另一只手时，他害怕极了，于是对尊者说道："我要是再放手，就要坠坑而死了！"

尊者说道："你已经和我约定好了，一切遵照我的教示去做，怎么现在又后悔了呢？"

比丘没有办法，只好把心一横，什么也不去想了，放开另一只手而坠入又深又黑的大坑中。

这时，他早已被吓得魂飞魄散，浑身发出冷汗。但等他睁眼一看，天梯和大坑都不见了。

于是，尊者开始为他说法："我现在问你，当你放开最后一只手下坠时，你还觉得世间有什么是值得你为之留恋的东西吗？"

比丘回答道："尊者，到了生死关头；一切都没有什么可值得留恋了。"

"是的，世间的一切，都是虚幻为主。当色身幻灭的时候，爱也随之幻灭。如果你能看破无常的色身，那缠缚着你的爱执，也就随之而解脱了。爱，是生死烦恼的根源，谨慎戒之，精进修行，勿失本心，当成正道。"

比丘顿时大悟。从此精心进修，细心思考，终修得阿罗汉果。

"欲"常带来很多的烦恼和困扰；就像加了蜜的毒药，虽然喝起来很甜，却会慢慢腐蚀人的脏腑，让人苦不堪言。

佛经里有个故事：

有一个女人，她的先生很爱她。她的家境富有，每天生活在感情稳定、幸福的家庭中。

有一天，她认识了一个年轻人。年轻人的花言巧语令她心动，她就与年轻人私通。后来，年轻人对她说："偷偷摸摸的不自由，我们可以去找个新天地，离开家乡去建立属于你我的新家庭。"这女人听了觉得怦然心动，于是答应了年轻人的要求。

有一天趁着先生外出的机会，她拿了家中所有珍贵的财物离家出走。她走到港口边，看到那位年轻人在那儿等她。

年轻人说："来吧！你先把东西给我，等我运送到对岸再回来载你。要不然，被抓到就不堪设想了！"

这女人也认为有理，说："好啊！你先将东西运过去，我在这里等你。"

那些财宝被运走后，这女人便在港口痴痴地等。一天、两天、三天过去了，却不见那个年轻人的踪迹。她又饿又冷，只好走到树下避避风雨。此时，这女人很后悔！可是她既不敢回家，又等不到那个年轻人来接她，心中不觉悲泣、懊恼！

这时，她看到一只狼狗。狼狗嘴里咬着一只鹰，那只鹰还在奋力挣扎！狼狗边跑边咬着鹰，跑到水边看到水中有一条鱼，它就暂时把鹰放下，准备要去咬鱼。结果鱼游走了，狼狗再回过头，看到鹰也飞走了。

这女人看了，忍不住笑说："这只狼狗真傻！已有一只这么好的鹰，居然放弃而去咬鱼。结果鹰飞走了，鱼也游走了，真是傻啊！"

这只狼狗回头说："我的傻，只不过是挨了一顿饿；你的傻，却是误了你一生！"

当时，这愚痴的女人才如梦初醒地说："我不只是傻，还很贪！竟放弃爱我的先生及幸福的家庭而迷恋他人，最后遭受欺骗。这都是因为自己一念的邪思心欲啊！"

淡然心语：

佛理认为，人世间六道轮回。一切的荣华富贵和生死爱欲都只是幻象而已。因为很多人都是肉眼凡胎，所以看不清楚人间真相，并且常常将虚幻当成现实。贪一时的快乐，结果总是因为一念之差坠入无底深渊，难以得到解脱。如果能够去掉种种的凡心欲念，心灵就会变得清静安宁，并最终获得解脱。

7. 不为外物所累，知足常乐

佛经上说："知足之法，即是富乐安隐之处。知足之人，虽卧地上，犹为安乐。不知足者，虽处天堂，亦不称意。不知足者，虽富而贫。知足之人，虽贫而富。不知足常为五欲所牵，为知足者所怜悯。"

一天，法眼与老和尚辩论：佛是什么，法是什么，禅是什么。

老和尚说："什么都不是。"

法眼说："那我就不懂了。你什么都不是，那什么是呢？"

老和尚讲道："若论佛法，一切现成。"

法眼一下悟道了。

老和尚一语中的，说："若论佛法，一切现成。"也就是说，一切现成，何必外求呢？快乐应该是一种平衡而满足的内在感受。要学会满足，不满足就是睡在天堂，也如在地狱中一般；假如懂得知足，就算身处地狱，也如在天堂中一样，所以满足是最大的收获。

获取快乐不难，生活本身就是在许多的辛苦和烦恼中存续的，放下包袱，超越自我，欢乐就会常有。一个人在任何情况下都可以选择快乐。

知足是自觉的、顽强的、坚毅的和勉为其难的。要摆脱情绪的纠缠，是很不容易的事。所以要求一个人保持一颗常乐之心很不容易，但是到底有多快乐最终还得取决于自己。

很多人习惯于渴求缺少的一切，于是总想寻求自己所没有的东西，寻求眼前以外的东西，然而，随着欲望的满足，却发现自己越来越不快乐，越来越不满足。

不要因为担忧过去而错过了未来更好的机会。为什么要被那些过失、羞耻和错误所缠绕呢？要学会彻底忘记。只有这样，才能甩掉包袱，选择快乐。

善于放下包袱，欢乐就会常在。只有卸下了种种包袱，轻装上阵，从容地等待生活的转机，不断有新的收获，踏过人生的风风雨雨，才能懂得放手和享有，才能拥有一份成熟，活得更加充实、坦然和轻松。

有个青年人常为自己的贫穷而牢骚满腹。

一位智者问他说："你具有如此丰富的财富，为什么还发牢骚？"

青年人急切地问："它到底在哪里？"

智者说："你的一双眼睛，只要能给我你的一双眼睛，我就可以把你想得到的东西都给你。"

青年人回答："我不能失去眼睛。"

"那么，让我要你的一双手吧，对此，我用一袋黄金作补偿。"智者又说。

青年回答道："我也不能失去双手。"

智者微笑着说道："既然有一双眼睛，你就可以学习；既然有一双手，你就可以劳动。现在，你自己看到了吧，你有多么丰厚的财富啊！"

佛经上说："知足之法，即是富乐安隐之处。知足之人，虽卧地上，犹为安乐。不知足者，虽处天堂，亦不称意。不知足者，虽富而贫。知足之人，虽贫而富。不知足常为五欲所牵，为知足者所怜悯。"

唐代一尼僧在一首悟道诗中写道："尽日寻春不见春，芒鞋踏破岭头云；归来笑捻梅花嗅，春在枝头已十分。"

有些人虽然有了安身立命的物质，但总感觉不满足，于是在物欲的洪流中丧失了生命中许多宝贵的东西，最后，钱是越挣越多，可是并没有得到真正的快乐，或者说已经忙得无暇去享受快乐。

不过，现实生活中仍然不乏另外一种人，他们虽然清贫，但生活过得很快乐；他们有很多知心朋友，常常与友人在一起品茗谈心，与亲人和爱人在一起享受亲情与爱情。这些人能够懂得生命的意义，能乐天知命，安心淡泊地生活，追求生命的真谛。

一个懂得快乐真谛的人，能够超然物外，不为物质所累，贫穷不以为苦，富贵不以为乐，不管是顺境还是逆境都能够从容应对、自在生活。

淡然心语：

人的快乐并不在物质的丰富与否，而在心灵的感受，拥有一颗清净的心，就能快乐地活着，潇洒地活着。"知足常乐"意味着我们能够找准自己的位置，找到自己的快乐，"知足常乐"并不是一种消极思想，而是对现实的一种正确反映，是应该提倡的一种积极的心态。

8. 在贫苦中修身养性

佛家言："知足之人，虽卧地上，犹为安乐；不知足者，虽处天堂，亦不称意。"又言："若欲学道，先须贫苦炼行。"

寒山与园清寺的僧人拾得是好友，二人经常往来，吟诗作偈。他们用树皮做帽子，衣服穿得破破烂烂，有时在长廊下大声念诗，有时在村子里高声唱歌，世人都把他们当疯子看。

闾丘胤要前往丹丘做官，临行时，遇到丰干禅师。丰干刚从天台来。闾丘胤便问道："天台那地方有哪些贤人可以为人师表？"

丰干禅师回答道："寒山与园清寺的僧人拾得二人，也就是文殊和普贤二位菩萨。"

闾丘胤拜别了丰干禅师，三天后来到了园清寺。见到二位菩萨立即施礼跪拜。

寒山大笑着说："丰干真多嘴！您连弥勒佛（指丰干）都不认识，来礼拜我们又有什么用呢？"说完，拉着拾得走出寺，回到岩窟，入洞穴而去。那洞穴自己就合上了。

寒山了悟人生，鄙薄功名富贵，过着清贫而自在的生活。他的人生就是自得其乐。深山有路，却不通往尘俗世界，无心无欲，还有什么值得攀援。他一颗清静之心，恰如"圆月上寒山"。

因此，当闾丘胤这个官府中人来见他和拾得时，他就看出闾丘胤的来意，不愿与之交往，以免污染了他的清净生活，便不客气地让对方吃了闭门羹。

寒山经常在竹子、树干、石壁上书写诗句。其中一首写道：自乐平生道，烟萝石洞间。野情多放旷，长伴白云闲。有路不通世，无心孰可攀。石床孤夜坐，圆月上寒山。

佛家言："知足之人，虽卧地上，犹为安乐；不知足者，虽处天堂，亦不称意。"又言："若欲学道，先须贫苦炼行。"

孔子说："吃粗粮喝凉水，睡觉时弯着胳膊当枕头，这里边也是有乐趣的。用不正当的方法得到的富足和尊贵，在我看来犹如浮云一般。"

孔子在此重申其看待和求取富贵的具体原则，违此而获，则被视如过眼烟云之不足取。同时亦表明其于清贫生涯甘之如饴、安贫乐道的生活态度与襟怀。

在现实生活中，有不少人"富"而不"贵"。真正的"富贵"，是作为社会的一分子，能用金钱让更多的人受到关怀。

人总有一天要离开这个世界，当你离开这个世界前，能够快快乐乐地回想起，这一生虽然人家为我服务了很多，但我也为人家服务了不少，那么，也就拥有了真真正正的财富。

淡然心语：

真正的高僧能够不为名利、财富所动，他们固守自己的一方天地，在日益精进的修行中，净化自己的心灵。这一点，在今天这物欲横流的时代无疑更具有借鉴意义。固然佛的境界我们很难做到，但至少能让我们找回本性，以免自己被物欲所吞噬。

9. 凡事量力而行，不苛求

凡事要量力而行，别勉强自己，修炼道法不是一天两天能够见到成效的。

有一位非常有名的武僧归隐于山林中。听到他的名声，人们都千里迢迢慕名而来寻找他，想跟他学些武术。

他们到达武僧所住的深山时，发现武僧正从山谷里往回挑水。他挑得不多，两只木桶里的水都没有装满。他们心想，大师是学习武术的，应该有很大的力气，所以大师应该能够挑很大的桶，而且挑得满满的。于是他们就不解地问道：“大师，您应该可以挑很多水的，为什么两个木桶都没有装满，这是什么道理？”

武僧回答道：“挑水之道并不在于挑多，而在于挑得够用。一味贪多，也许会适得其反。”众人这时候感到很迷惑不解。

武僧从他们中拉出了一个人，让他从山谷里打了两桶水，这次水装得满满的。

那人挑得非常吃力，木桶摇摇晃晃，还没走几步，就跌倒在地，水全都洒了，膝盖也被摔破了。

这时候，武僧说道：“水都洒了，岂不是还得回头重新打一桶？膝盖被摔破了，走起路来就更艰难了，岂不是要比刚才挑得还少吗？”

众人又问道：“那么大师，请问应该挑多少，怎么去估计呢？”

武僧笑着说道“你们看这个桶。”

众人看去，桶的内壁里被划了一条线。

武僧接着说道：“这条线就是底线，水绝对不能高于这条线，高于这条线就超过了自己说能承受的极限和需要。开始的时候需要画一条线，挑的次数多了以后就不用看那条线了，凭感觉就知道应该挑多少合适了。不过，有这条线可以提醒我们，凡事要尽力而为，更要量力而行。”

众人又问："那么底线到底应该定多低呢？"

武僧说："一般来说，越低越好，因为低的目标容易让人去实现，而人的勇气也就不容易受到挫伤，反而会培养起更大的兴趣和热情，长此以往，循序渐进，自然会挑得更多，挑得更稳。"

挑水就像是武术，武术也如同处世。不具备相应的能力，就不要去贪争更重要的权位，否则不仅会让自己备受打击，还会让别人看不起。做什么事情都要懂得循序渐进，量力而行，逐步去实现目标，才能避免许多无谓的挫折。

人生有许多成长发展的阶段，必须量力而行以做到循序渐进。有的人喜欢好高骛远，过于急功近利，结果往往事与愿违，很难达到自己的目的。

有这样一则寓言故事：

一只老鹰叼走了一只绵羊。一只乌鸦见到了立刻想学它。

乌鸦尽管身单力薄，嘴却特别馋。它在羊群上空盘旋，盯上了羊群中最肥美的那只羊。这是一只可以用作祭祀的羊，天生是留给神享用的。乌鸦贪婪地注视着这只羊，自言自语地说道："我虽不知你是吃谁的奶长大的，但你的身体如此的丰腴，我只好选你做我的晚餐了！"说罢，它呼啦啦带着风就扑向这只咩咩叫唤的肥羊。

绵羊可不是奶酪，乌鸦不仅没把肥羊带到天空，它的爪子反而被羊卷曲的长毛紧紧地缠住了，这只倒霉的乌鸦脱身无术，只好等牧人赶过来逮住它，并把它投进了笼子，成为孩子的玩物。

做事必须量力而行，别人的成功方法可能正是导致你失败的原因。无论做什么，都必须尽心尽力，付出代价，才能有好的收获。

世界上大多数人都是平凡人，但大多数平凡人都希望自己成为不平凡的人。梦想成功，才华获得赏识，能力获得肯定，拥有名誉、地位、财富。不过，遗憾的是，真正能做到的人，似乎总是少数。因为，他们没有量力而行，总是在经意或不经意之间陷进了好高骛远的泥潭里。

水从高原流下，由西向东，渤海口的一条鱼逆流而上。它的游技很精湛，因而游得很精彩，一会儿冲过浅滩，一会儿划过激流，它穿过了湖泊中的层层渔网，也躲过无数水鸟的追逐。它不停地游，最后穿过山涧，挤过石隙，游上了高原。然而，它还没来得及发出一声欢呼，瞬间却冻成了冰。

若干年后，一群登山者在高原的冰块中发现了它，它还保持着游动的姿势。有人认出这是渤海口的鱼。

一个年轻人感叹说：这是一条勇敢的鱼，它逆行了那么远、那么长久。

另一个年轻人却为之叹息，说这的确是一条勇敢的鱼，但是它只有伟大的精神却没有伟大的方向，它最后得到的只能是死亡。

好高骛远者，总是不切合实际，这也看不惯，那也看不惯。或者以为周围的一切都与他为难，或者不屑于周围的一切。不能正视自身，是好高骛远者的突出特征。不要以己之所长去比人之所短。不要心中唯有自己的高大形象，从不患不知人，唯患人之不己知。

要想渡过人生的危难，战胜人生中的种种挫折，须从最细小最微不足道的地方做起，从最卑贱的事情起步。

常常看到有的人不顾自身的能力，看到别人做了什么事好，也跟着干了，最后弄得一败涂地。有的人埋怨自己不够幸运，有的人觉得自己没赶上机遇，殊不知机遇也是要有敏锐的目光才能捕捉到的。

现实生活中有很大一部分人，非常急功近利，这样的人太过于自负。只有了解自己，寻找适当的机会，再去表现自己才是最明智的选择。

淡然心语：

人要清楚了解自己的能力，做事情的时候要尽力而为，量力而行。只有做自己力所能及的事，才能充分展现自身的才华。否则，可能会适得其反，自己打自己的脸。好高骛远，想一蹴而就，只会使自己寸步难行，加深挫折感而已。

10. 名利无非过眼云烟

做事并不是为求名，也不是为求功德；抱着“尽本分”的心去做好事，才是真正的好事，才是至诚无私的善事。

——证严法师

洞山禅师感觉自己不久将要离开人世了。听到这个消息，很多人从四面八方赶来，连朝廷也派人来了。

洞山禅师走了出来，脸上洋溢着净莲般的微笑。他看着满院的僧众，大声说：“我在世间枉沾了一点闲名，如今躯壳即将散坏，闲名也该去除。你们之中有谁能够替我除去闲名？”

殿前一片寂静，众人都束手无策，默然不语。

忽然，一个小沙弥走到禅师面前，恭敬地施礼之后，高声说道：“请问和尚法号是什么？”

话刚一出口，所有的人都投来吃惊和愤怒的目光。有的人低声斥责小沙弥目无尊长，对禅师不敬，有的人埋怨小沙弥无知。

谁知洞山禅师听了小和尚的问话，大声笑着说：“好啊，现在我没有闲名了，还是你聪明呀。”于是坐下来闭目合十，微笑着圆寂了。

小沙弥伏地而拜，泪流满面。

周围的人立刻将小沙弥围了起来，责问道：“真是岂有此理，连洞山禅师的法号都不知道，你在这里胡闹什么？”

小沙弥看着他们，无可奈何地说：“他是我的师父，他的法号我岂能不知？”

“那你为什么要那样问呢？”有人追问。

小沙弥含泪答道：“我这样做就可以达成师父的心愿，除去他的闲名！”

淡然心语：

多少人为了名利，终其一生都努力争取，然而到头来争的不过是满腹幽怨，到死的时候，才知道，一切都是生不带来，死不带去。名利不过是过眼云烟，要学会看淡，这样人生才会变得踏实。

11. 幸福无标尺，勿攀比

幸福人生的建立，先要正确地认识什么是幸福；还要探讨幸运与不幸的因缘。一方面消除造成人生不幸的原因，另一方面努力培植幸福人生的因缘，这样才能获得幸福。

——济群法师

有一个中年人觉得生活在社会中实在太累太辛苦，于是就去找盘石大师，希望在盘石大师所在的寺庙里出家。

盘石大师问道："你为什么要出家？"

中年人回答："我觉得当和尚只要一天到晚诵经就可以，不像我一年到头面朝黄土背朝天的，即使那么辛苦劳累，也没有任何的幸福可言。"

盘石大师说："有人只看见和尚吃馒头，没看见和尚受戒，于是总羡慕别人的生活。很多人总是以为自己原来的工作只有苦没有乐，却没有想过究竟什么工作适合自己。"

说完后，中年人似乎还是不明白，于是盘石大师又给他讲了一个故事：

从前有两只老鼠，一只生活在城市里，一只生活在乡下，他们是好朋友。有一天，乡下老鼠写了一封信给城市老鼠，信上这么写着："城市老鼠兄，有空请到我家来玩，在这里，可享受乡间的美景和新鲜的空气，过着悠闲的生活，我会时刻欢迎你到来的！"

城市老鼠接到信后，十分高兴，立刻动身前往乡下探望老朋友去了。到那里后，乡下老鼠拿出很多大麦和小麦，让城市老鼠品尝。城市老鼠不以为然地说："你怎么还过这种清贫的生活呢？住在这里，虽然不缺吃的，但是什么好玩的东西都没有，生活多没意思，还是到我家玩吧，我让你见识见识大场面。"

于是乡下老鼠就跟着城市老鼠进城去了。

乡下老鼠看到那么豪华、干净的房子，十分羡慕。想到自己在乡下从早到晚，都在农田上奔跑，以大麦和小麦为食物，冬天还得在那寒冷的雪地上收集粮食，夏天更是累得满身大汗，和城市老鼠比起来，自己实在过得太累了。

聊了一会儿，它们正准备到餐桌上开始享受美味的食物。突然“砰”的一声，门开了，这家主人回来了。它们吓了一跳，飞也似的躲进墙角的洞里。

乡下老鼠吓得忘了饥饿，想了一会儿，对城市老鼠说：“我还是比较适合乡下平静的生活。这里虽然有豪华的房子和美味的食物，但每天都过提心吊胆的日子，倒不如回乡下吃麦子，来得快活。”说罢，乡下老鼠就离开都市回乡下去了。

盘石大师接着说：“这个故事告诉我们，每个人都有不同的个性和习惯，喜欢不同的生活方式。两只老鼠也是，即使它们都曾经对不同的世界感到好奇，但是它们最后还是回到自己所熟悉的生活中去。所以，希望你仔细想想，究竟出家是否适合自己，你能否忍受得了佛教的戒律清规，是否习惯寺庙的清凉和孤寂。”

幸福是没有统一标准的。每个人对每件事物，每天的生活都会有自己独特的感受。问题在于许多人都经常把自己拥有的视为粪土，丝毫不珍惜，而把别人手中的东西一概视为珍宝。在他们看来，得不到的就是好的，他们的心常常随着贪婪的目光而移动，晕头转向地跟着人家跑，而丢掉自己拥有的非常珍贵的东西。

每个人都是一个天然而成的自己，所以不应该拿别人的幸福作参照物。每个人对每一件事物，对每一天的生活都会有自己独特的感受。别人的幸福未必就是自己的幸福。放弃自己的追求，去拿别人的幸福作参照物，就会偏离自己人生的轨道。

从前，有一个人，他生前善良且热心助人，做了许多好事，所以在他死后，升上了天堂，做了一名天使。他当了天使后，仍然没有改变自己的秉性，经常到凡间帮助人，希望感受到幸福的味道和快乐。

一日，天使遇见一个下岗工人，他非常苦恼，向天使诉说：“我已经下岗了，没有了生活来源，我怎么养活自己的一家人啊？”

于是，天使赐他一份工作，工人很高兴，天使在他身上感受到了幸福的味道。

又一日，他遇见一个妇人，妇人非常沮丧，她向天使诉说：“我在火车上钱被人偷了，现在无法回家了。”

天使给她银两做路费，妇人很高兴，天使在她身上感受到了幸福的味道。

又一日，天使遇见一个年轻、英俊、有才华且富有的企业家，妻子貌美而温柔，但他却过得不快活。

天使问他："你拥有了那么多，还不快乐吗？我能帮你吗？"

企业家对天使说："我什么都有，但还少一样东西，你能够给我吗？"

天使回答说："可以。你说吧，要什么我就给你什么。"

企业家充满期望地望着天使："我要的是幸福，你有吗？"

天使想了一会儿，说："好，我明白了。"

于是，天使拿走了企业家的才华、财富并毁去他的容貌，夺去了他妻子的性命。

两个月后，天使再去看企业家的时候，发现他已饿得半死，衣衫褴褛地流浪在大街上。

于是，天使把他的一切又还给了他。

一个月后，天使再去看企业家的时候。发现企业家和妻子，还有孩子正在高兴地谈论着未来的生活。因为，他得到幸福了。

很多人只有在失去的时候，才懂得珍惜。其实，幸福早就放在面前。幸福并没有绝对的定义，如果用心，即使平常一些小事也能撼动心灵，幸福与否，关键在于心灵。

淡然心语：

幸福的生活，不一定要豪宅盛宴，只要粗茶淡饭就好；幸福的生活，不一定要喧嚣围绕，只要心平气和就好；幸福的生活，不一定要声色犬马，只要父母安康，儿女承欢膝下就好。平平淡淡才是真，简简单单才是福。

第五章
宽恕众生，善待自我

不宽恕众生，便是苦了自己。一个人从内心不原谅别人的人，永远不会收获灵魂的安宁。若能转怒为恕，便是慈悲人。宽恕是看透世事之后的从容、超然。大肚能容，容天下难容之事。佛法不离世间法。世间人，学佛悟道，须仁慈宽恕。

1. 心如何，世界便如何

不应挑剔别人的过失，批评别人已做和未做的事情。应时常反省自己的过失，考虑自己所做和未做的事情。

宋代大文豪苏东坡与佛印禅师是好朋友，两人经常在一起畅谈佛学。令苏东坡不服气的是，自己的文才与佛印不相上下，佛学功底也不浅，但总是被佛印禅师占了上风。所以他百般用心，总琢磨着怎么才能赢过禅师。

一天，两人对坐默默坐禅，东坡脑筋一转，突然诘难佛印禅师说：“请问禅师，你看我此时坐禅的样子像什么？”

佛印禅师心平气和地答道：“依我观之，居士好比一尊清净无染的佛啊！”

东坡听后，现出满怀得意的样子。

此时，佛印禅师反问道：“居士看我此时坐禅的样子像什么？”

苏东坡正在忘形之时，看到佛印一身褐色僧服，便揶揄道：“和尚活像一堆牛粪。”

佛印禅师听了，不怒反笑，默然不语，然后怡然自得地闭目养神。

东坡很是得意，回家后迫不及待地向妹妹苏小妹炫耀了一番，并且说：“今天总算占了佛印禅师的上风。”

苏小妹听后，首先禁不住“呸”了一声，问他：“且问哥哥，是佛名贵呢，还是牛屎名贵？”

苏东坡瞪大眼睛，不明白妹妹的话是什么意思。

苏小妹笑道：“哥哥！你今天输得最惨啊！佛说“相由心生”，因为佛印禅师内心清净，心里想的是佛，不杂妄念，所以禅师视一切众生皆是佛。而你心中妄念纷飞，全是污秽不净的念头，所以你把六根清净的佛印禅师，竟然看成了一堆牛粪，难道你这还不算输得很惨吗？”

东坡听得瞠目结舌，恍然大悟。

万法为心造，一个人的心性有多高，修养有多高，看出来的境界就有多高。拥有一颗澄明宽容的心，就会拥有一个宽容的世界。如果心灵是阴暗的，那么眼中的世界也不会光明。

一个炎热的夏日午后，有一个青年人在一个小镇上匆匆忙忙地行走，他想找一个满意的地方居住，但是路上却行人甚少。

正焦急地往前走着，忽然看见道路旁有一个老和尚在下棋。柳荫下，凉风习习，很是怡人。他便来到他们的身边，向他们问道："师父，请问这是什么镇？住在这里的居民安分守己还是爱打架滋事？我想搬到这里居住，打听一下是否适合我住。"

老和尚抬头望了一下这位青年，反问道："你刚离开的那个地方住的人是属于哪一类的呢？"青年回答说："别提了，住的都是些不三不四的人，生活毫无规律，素质又差。我们住在那儿感到很不愉快，因此打算搬到这儿来居住。"

老和尚说道："施主，恐怕你会感到失望了，因为这个镇上的人跟他们相比可能也好不了多少。"

这个人闻听此言失望地走了。

过了不久，又有一位陌生人向老和尚打听同样的情况，老和尚又反问他同样的问题。

陌生人回答说："我住的那个地方邻居都很热情友好，环境也优美，我和家人在那儿度过了一段美好的时光。如果不是那里要拆迁，我们不会出来另找地方的。多么希望能遇到像我以前住的那么好的地方啊。"

这次，老和尚听后竟回答道："年轻人，你真幸运啊！你算找对地方了，这里居住的都是跟你以前住的地方差不多的人。相信你会喜欢他们，他们也会喜欢你的。"

一旁的老农听了老和尚两次截然不同的回答，大惑不解，同样的问题！老和尚怎么给出了不同的答案呢？

淡然心语：

凡事都没有绝对，怎样的心性就决定了怎样的人生。人生不会尽善尽美，事在人为，有心结缘必然会得到相应的回报。与人为善，别人也将与你为善，与人为敌，别人必然也不会对你友好，任何事情都是相互的。所以，要学会控制自己的心性，才能掌握自己的人生。

2. 宽恕你的敌人

佛法大旨，在引导世人出生死轮回。

——《佛法大旨》

日本圆觉寺有位高僧叫盘珪，桃李遍天下。当这位禅师闭关参禅时，他的弟子纷纷从日本各地赶来参加仪式。

在一次集会时，很多弟子的财物接连被盗，最后他们终于发现了混在弟子之中的窃贼，坚决要求把他逐出师门，否则大家便全体离开，弄得整个寺院的气氛非常紧张。

盘珪禅师知道此事后，召集弟子们在座前训导，他慈祥地说道："你们入禅修道，都是有智慧的人，所以，如果你们愿意，可以去别的地方参学。然而这个可怜的弟子还没有分清是非，如果我不教他，谁又能教他呢？所以，即使你们都离开了，我也不能把他赶走。"

盘珪禅师说这些话时，那个做窃贼的弟子感动得泪流满面，后来他把所偷来的东西，统统物归原主。从此以后，他一心向学，最后成了盘珪禅师最得力的弟子。

佛经中还有这样一则故事：

从前有一个国王叫长寿王，在一次战争中被邻国的恶王抓去了。长寿王的儿子太子长生听说父王被恶王抓住了，连忙挑了一担柴，以卖柴人的身份混进邻国打探消息。

进城后，长生便看到父亲被捆绑着即将被处死，心里悲痛欲绝。

长寿王一眼就看见挤在人群中的儿子，惟恐儿子以后会替自己报仇，便仰天长叹，高声喊道："当儿子最大的孝顺，就是能让父亲死后无恨。儿子啊！你千万不要为我报仇，那我死后才会没有忧愁；如果你一定要报仇，那我在死后也不会安心的。"

长生不忍心亲眼看着父亲被活活烧死，便回到山中。随后，长寿王被活活地烧死了。

长生心里时刻宁静不下来，心想："我父亲仁重义深；而恶王却胡作非为，害死我父亲。虽然我父亲心存仁慈，不让我报仇；但我身为人子，不杀了恶王报此杀父大仇，还有什么脸面再活在这个世上？"打定主意后，长生偷偷地潜回邻国，以寻找报仇的机会。

恶王手下有个大臣，他家里缺少一名厨师，后来就去集市雇了一个厨师，这个人就是长生。

由于长生做的饭菜非常别致，香气扑鼻，花样别出，味道甘美，深受大臣的喜爱。

大臣十分高兴。一天，大臣准备请恶王到家里做客。

恶王一尝到如此精美的饭菜欣羡极了，忙问："你的这些饭菜是谁做的？"

大臣说："前不久我雇了个小伙子，厨艺好极了，这些饭菜就是他做的。"

恶王说："你把他送给我吧。"

于是，恶王便把长生带回王宫，让长生专为自己做饭烧菜。

长生终于顺利靠近了恶王。

有一天，恶王问长生："你会武艺吗？"

长生说："过去学过。"

恶王便叫长生做自己的贴身卫士，过了些日子，恶王决定去打猎，于是便叫长生陪伴自己出城去打猎。

不久，他们便看到一头羚羊在前面拼命逃窜，恶王就与长生一起驱马追赶；一直追到山林深处，迷失了方向，怎么也找不到返回的道路，他们又饥渴、又疲乏。

恶王跳下马来，解下佩剑交给长生说："我实在累坏了。我要睡一会儿。"

长生说："好"。

恶王躺在地上渐渐地睡着了。

长生心中暗自思索："我为了报仇，想了多少办法吃了多少苦，今天机会总算到了。"便拔出剑来，正要砍去，忽然想起父亲临终前的嘱咐，不觉又犹豫起来，于是便把剑又收了回去。

这时，恶王突然惊醒，对长生说："我做了个噩梦，梦见长寿王的儿子要来杀我，不知怎么突然做这样的梦？"

长生说："这一定是山中恶鬼在作祟吓唬您。有我在这里守卫，大王您安心睡吧。”

恶王又渐渐睡着了。

长生听着恶王打呼噜的声音，心中的复仇之念再度萌生，不由得又拔出剑来。但一想起父亲的遗嘱，手又软了，再次把剑插入剑鞘。

恶王第二次惊醒，浑身冷汗淋淋，说：“我又梦见长寿王的儿子要来杀我，吓得我心都要跳出来了。”

长生说：“一定是刚才那些恶鬼们还在作怪，大王不必害怕。”

恶王就又躺下了。长生见恶王渐渐睡熟，心中挣扎，第三次拔出剑来，但想来想去父命不可违，最后他长叹一声，把剑扔在地上，再也不打算杀恶王了。

恶王一下子蹦起来，对长生说：“我又做了个梦，梦见长寿王的儿子原谅我了，再也不来杀我了。”

长生说：“其实我就是长寿王的儿子长生。我原意是想杀死你为我父亲报仇；但想到父亲临终时再三叮嘱不准我报仇。我本想违背父亲的遗嘱，将你杀掉，又实在不忍心不听他的话，所以决定不再杀你。所以，我现在把一切告诉你，请你杀了我吧！你从此就安全了，我也免得做个不孝之子。”

恶王听了以后非常感动，也非常后悔，说：“我不分善恶。你们父子俩行为高尚，仁至义尽。今天，我的命本来已握在你手中了，但你心怀仁慈，牢记父亲的遗言，不来伤害我，我真是感激不尽。现在让我们回城去吧！”

大臣们正在等待、寻找他们，见他们回来，十分高兴。

恶王在群臣面前指着长生说：“这是长生，从今天起，我回到我原来的国家去，这个国家就交还给长生。我将与长生结为兄弟，以后若有其他国家敢来侵犯，我一定前来救援。”之后，恶王便率领自己的部下，返回本国。

从此，两国相互通好，和睦往来，人民也都安居乐业，享受太平！

淡然心语：

宽恕别人就是善待自己。无法宽恕别人，你就无法快乐。一个无法宽恕别人的人，千万不要忘了自己也可能需要被宽恕。

3．原谅别人的无心之咎

要原谅一个无心伤害人的人；不能做一个轻易就被别人伤害的人。

——证严法师

从前，有一个穷苦的老人和他的儿子，父子俩相依为命，过着贫苦的生活。后来经过佛陀的指点，父子俩都出家了，父亲做了比丘，儿子做了一个小沙弥，两人成为了师徒。

有一天师徒二人出去化缘，不知不觉走了好远，竟然天黑了还没有化到缘，由于师父年迈体衰，走了一天也走不动了，徒弟就搀扶着师父往回走。

天越来越黑了，当他们经过一片树林的时候，天已经黑得什么都看不见了，树林里很安静，能够听见两个人的走步声和树叶的沙沙声，还有远处野兽各种凄厉又恐怖的吼叫声。

小沙弥心想这个树林肯定经常有野兽出没，所以紧紧地拉着师父的手臂，连扶带推地快步向树林尽头走去。

师父由于筋疲力尽，上了年纪，再加上看不清楚道路，在小沙弥情急之下一推，竟然跌倒在地，不巧磕到一块石头上，一下子就死去了。

小沙弥看到师傅跌倒在地，赶紧把师父扶了起来，可是却见师父没什么反应，再仔细一看师父已经死了，小沙弥心里一惊，继而大声痛哭。

等到天亮以后，小沙弥才独自一人回到寺庙。

寺里的比丘们很快就知道了此事，他们纷纷责怪都是小沙弥害死了自己的父亲，说小沙弥是个不孝顺的儿子。

小沙弥的心里感到非常的痛苦和自责，于是就去找佛陀诉说心事。

佛陀语重心长地对小沙弥说：你不要自责了，你父亲的死是不能怨你的，因为你也是为了你父亲，出于好心的。

小沙弥听了以后仍然是双眉紧锁，闷闷不乐。

佛陀看到小沙弥如此，微笑着对小沙弥说，我给你讲一个故事吧。

从前，有一对父子，家里很贫穷，他们住在一个茅草房里。突然有一天父亲病重，儿子很着急，到处求医问药为父亲治病。每天他服侍父亲吃过药后，就让父亲上床躺下睡个好觉。可是他们住的屋子又潮湿又阴暗，所以引来许多蚊蝇，整天嗡嗡地飞来飞去，不能让父亲很好的休息。儿子见父亲在床上睡不着，就找来苍蝇拍到处追打蚊蝇，却怎么也打不完。儿子感到非常生气，情急之下竟然捡起一根大棍子挥舞着，对着空中的蚊蝇拼命追打。没想到恰巧有一只蚊子落在父亲的鼻子上，儿子一时没看清楚，慌忙打过去，父亲就这样被棍子重重揍了一下就死去了。

佛陀停了一会儿说，孝顺的儿子在无意中将父亲打死了，只能算是一个意外，不能责怪儿子，因为他确实是无心的，他是为了父亲着想。

小沙弥听得很认真，似乎有所感悟。

佛陀就问道："你推你的师父，是怕师父遭到野兽的袭击，想赶快离开树林，并不是故意要伤害他的性命，是吗？"

小沙弥点头称是。

"我讲的故事虽然和你所经历的事有些不同，但却是同样的道理。佛法是慈悲的，你就安心修行吧！"

小沙弥听了佛陀的话，心里终于获得了安慰，从此更加勤奋地修行了。

淡然心语：

如果一个人是因为出于好心好意而把事情做错了，那么是可以理解和原谅的。做错事的人也不要过于自责和愧疚。当然，在做事情的时候还是要尽量避免好心办坏事的后果。

4．海纳百川，有容乃大

天地大，以能含成其大；江海深，以善纳成其深；圣人尊，以纳污含垢成其尊，是以圣人愈容愈大，愈下愈尊。

——明僧德清

圆通禅师在讲法的时候，法远禅师知道后，就让义青禅师去圆通禅师那里求法。

义青禅师认为圆通禅师并不高明，所以极不愿意去听，但是又不愿违逆法远禅师，便只好去了。到了圆通禅师那里，义青禅师并不参问，只是贪睡。

执事僧看不过去，就告诉圆通禅师说："有个僧人总是白天睡觉，应当按法规处理了。"

圆通禅师以前还不曾听说谁在堂上睡觉，便很惊讶地问："是谁？"

执事僧回答："义青上座。"

圆通禅师想了想，便说："待我去问一问再说。"

圆通进了僧堂，果然看到义青在睡觉。圆通禅师便敲着义青禅师的禅床说道：

"我这里可没有闲饭给只会睡大觉的上座吃。"

义青禅师睡眼惺忪的问道："和尚叫我干什么？"

圆通禅师便问："为什么不去参禅？"

义青禅师回答："食物虽美，饱汉却没胃口。"

圆通禅师听出义青禅师话里有话，便说："可是反对上座的人很多。

义青禅师则胸有成竹地回答："赞成了，又有什么用？"

圆通禅师听其话，知其来历一定不凡，就问："上座曾经见过什么人？"

义青禅师回答："法远禅师。"

圆通禅师笑道："难怪这样顽赖！"

随即，二人相握着手，相对而笑，一同进了方丈室。义青禅师从此名声远扬。

圆通禅师能够让法远禅师敬重，并让义青禅师前去听法，就是因为圆通禅师的容人雅量。义青禅师在圆通禅师面前的自信，多少显示出对圆通禅师的轻视。圆通禅师不是没有察觉。

若圆通禅师没有容人的雅量，不能对义青禅师的轻慢一笑置之，估计义青禅师是免不了被扫地出门的。圆通禅师不仅能够容忍他的轻慢之举，而且能够肯定他，抬举他，给他应有的地位。

明僧德清曾以天地江海来比喻忍辱，他说："天地大，以能含成其大；江海深，以善纳成其深；圣人尊，以纳污含垢成其尊，是以圣人愈容愈大，愈下愈尊。"有容乃大，忍者无敌。

很多时候一个人之所以能够被人敬仰，受人尊敬，不在于他的能力有多高，相貌有多体面，知识有多渊博，而在于他有宽广的胸襟，能够容人之不能。

俗话说："最大的是心，最小的也是心。"做人，惟有宽大容物才能成就自己。胸襟宽广，就能够团结一切人，能够成就大事。反之，心胸狭窄，容不得他人轻视自己，只会使自己局限于一隅，难以有所建树。

有位老喇嘛喜欢在一块平坦的大岩石上面打坐，俯视一泓宁静的潭水。然而，就在每次诚挚地开始祈祷、盘起双腿、调好坐姿的当儿，他就会瞥见昆虫在水里无助地挣扎。一次又一次地，他撑起他吱吱作响的老迈躯体，将那微小的生物送到安全地方，才又再坐回他的岩石座上。因此，他的禅修就是如此，日复一日……

其他的一些虔诚的修行者，每天也都会到那片荒无人烟的地区，在岩石峻谷和山洞内独自打坐，他们终于发现老喇嘛几乎不曾安静地坐着。事实上，他禅坐的时间都花在把虫子从潭里捞出来了。虽然救护一个无助的生命，不论其形体的大小，是理所当然的。但一些喇嘛有时会想：如果老喇嘛到别处静坐，远离这些令他分心的事，他的禅定功夫可能会更好些。有一天，他们终于向他表示了关怀。

"到别的地方打坐，入甚深禅定，整日不受打扰，不是更能获益？这样您不就可以更快地证悟？如此一来，就能救渡所有众生从轮回的苦海中解脱。"有一位道友告诫老喇嘛。

"或许您还可以闭着眼在潭边打坐。"另一位僧友建议。

“如果您在打坐时不断地站起、坐下，反复不下数百次，您如何能达到完全的宁静和甚深如金刚般的定力？”一位年轻的学僧比其他师兄更有勇气、更机智地质疑他。

这位尊贵的老喇嘛很仔细地听他们你一言我一语，却没说什么。当所有人都阐述了各自的“智见”后，他很感激地向大家敬礼，说道：“师兄弟们，诚如你们所说的，如果我整日坐着不动，我的禅定功夫一定会更有结果。但是老朽如我，我也曾一再地发愿要将此生此世和所有的来世服务救护他人，我又怎么能够闭上眼睛、硬起心肠来祈祷并吟诵大悲观世音利他无私的心咒，却任由无助的小生物溺死在我眼前而不顾呢？”

对这么一个简单又谦虚的问题，竟使那群禅友没有一个人知道该如何回答。

能互相体谅、容忍，表现一分宽心、爱心，即是悲心。容人是一种美德，是一种思想修为，更是一种高尚的品德。要想成为一个伟大的人，必须有容人的雅量。反过来讲，只有自己能容人，别人才能容自己。

汉高祖刘邦说：“运筹帷幄之中，决胜于千里之外，吾不如子房；安国家，抚百姓，给饷银，不绝粮道，吾不如萧何；统百万之军，战必胜，攻必取，吾不如韩信。”

纵观历史，因容人而成功的人比比皆是。楚庄王不怪罪臣下对自己妻妾的调戏，反而命大家扯冠带以助其脱困；蔺相如不计较廉颇的侮辱，反而处处避让，终于感动廉颇，成就将相和的佳话。齐桓公不计管仲一箭之仇，反而用他为相，终于成就霸业。秦穆公不计恨走失的宝马被人吃掉，反而赐美酒招待吃马之人。

宋僧契嵩说：“其无争也，可辱而不可轻；其无怨也，可同而不可损。”忍耐并不是无原则的逆来顺受，更不是为恶行败德提供肆虐的场所，而是一种手段，虽是一味退让，但其目的是为了更好地行善。

能容人，让那些观点与自己不同的人不难堪，不为人事所累，这才是成功之道。

淡然心语：

有容乃大，忍者无敌。很多时候一个人之所以能够被人敬仰，受人尊敬，不在于他的能力有多高，相貌有多体面，而在于他的胸襟是否宽广，能否容人。

5. 容忍诽谤你的世人

佛曰："若不能忍受侮辱、恶骂、毁谤、讥评，如饮甘露者，不能名为有力大人。"

寒山禅师曾问拾得禅师："世人谤我、欺我、辱我、笑我、轻我、贱我、恶我、骗我，该怎么办？"

拾得禅师说："只是忍他、让他、由他、避他、耐他、敬他、不要理他，再待几年你且看他。"

寒山云："除此之外，还有其他方法能解决吗？"

拾得云："我曾看过一首弥勒菩萨偈，这首弥勒菩萨偈说的是争不能止争，仇不能息仇，以怨报怨只能使事情激化，导致更大的仇怨。"反之，忍之、耐之，使人不能与之争，使人无法与之怨，就能很好地缓解人际关系的矛盾和紧张，进而促进问题的顺利解决。

高僧白隐禅师就曾以德化怨，以忍耐来保全他人。白隐禅师曾在一个小村庄修行的时候，经常为那里的村民传法讲经，村民们对白隐禅师很是爱戴，称他为圣者。白隐禅师的住处旁边是一家三口，一对老夫妇和他们的女儿。这对老夫妇开了一家杂货店。突然有一天，老夫妇发现自己的女儿怀孕了，便逼问女儿是谁的孩子。女儿在无奈之下竟然说出了白隐两个字，老夫妇感到非常愤怒，于是气势汹汹的去找白隐禅师问清楚，但白隐禅师只是说了这样一句话："是这样吗？"

孩子生下来以后就送给了白隐。因为此事白隐禅师名誉扫地，但他自始至终都没有为自己辩解，只是尽心尽力的照顾好婴儿。

一年之后，邻居的女儿终于吐露出实情，原来孩子的亲生父亲是邻村的一名青年。于是她的父母立即带着他们的女儿到白隐禅师那里。他们向白隐禅师赔礼道歉，并想把孩子带回去。

白隐禅师仍然只说了一句："是这样吗？"便把孩子交给了他们。

“是这样吗？”一句简单的话，却体现出了白隐禅师的心胸之宽广。为了让邻居女儿免受不必要的伤害，他忍受了别人加诸己身的侮辱，为了养育无辜的孩子，他忍受误解和诽谤，这种不在乎世俗毁誉，一心为他人着想的行为，正是佛家“大度包容”的最好诠释。

佛说：“若不能忍受侮辱、恶骂、毁谤、讥评，如饮甘露者，不能名为有力大人。”在侮辱、恶骂、毁谤、讥评面前，忍耐并不是消极，也不是退让；而是前进，是负责，是大仁大勇的动力。

毋庸置疑，白隐禅师就是这样的人。他那种忍耐的智慧，他那种面对误解、面对侮辱的坦然，他那种以德报怨的风范，都是我们学习的对象。

生活中，常常会遇到各种各样的误会。面对误会，很少有人能够默默忍受，而是拼命为自己辩解，这样做不但不能消除误会，反而会越描越黑。

淡然心语：

一个能够忍受误解，不为自己辩解的人，必定是一个胸襟宽广的人，这样的人不会对他人加诸己身的烦恼、侮辱产生怨恨、报复，实在令人尊敬，也让人爱戴。

6．宽恕打痛你的拳头

佛陀的教育不只是教我们如何了生脱死，更是教我们如何去包容人，不生计较。

——证严法师

从前，有一个年轻人脾气非常不好，动不动就与人打架，因而人们都很讨厌他。

一日，这个年轻人无意中游荡到了大德寺，正遇到一休禅师在讲佛法，他听完之后异常懊悔，决定痛改前非，并且对一休禅师说："师父！今后我再也不与别人打架斗口角了，即使人家把唾沫吐到我脸上，我也会忍耐地拭去，默默地承受！"

"就让唾沫自干吧，别去拂拭！"一休禅师轻声说道。

年轻人听完，继续问道："如果拳头打过来，又该怎么办呢？"

"一样呀，不要太在意，只不过一拳而已。"一休禅师微笑着答道。

那个年轻人实在无法忍耐了，便举起拳头朝一休禅师的头打去，继而问道："现在感觉怎么样呢？"

一休禅师一点儿也没有生气，反而十分关切地说道："我的头硬如石头，可能你的手倒是打痛了！"

年轻人无言以对，似乎对禅师的言行有所领悟。

一休禅师的境界确实了得，可能很多人很难做到这些。但是我们生活在红尘之中，大度包容的心还是不可缺少的。如果一个人气量狭小，遇事斤斤计较，那么在生活中就会处处碰壁，烦恼无限。假如能以实际行动理解、包容别人，那么你也会得到别人的理解和包容的。

凡事不要斤斤计较这种道理，如果仅是从理论的角度来说明可能会让人觉得晦涩高深，在此我们还是以工作中发生的一些具体事情来加以说明。

生活中常常有这样的人，斤斤计较自己的得失，为了一点儿小小的利益就与别人争破头皮，从来不肯吃一点儿小亏。这样的精明，表面上看起来似乎十分实用，实际上正是与人相处中的一大禁忌。

在与别人相处的过程中，最怕的就是太过认真仔细、斤斤计较。相反，如果能够做到宽容别人，那么就没有处理不好的关系，没有化解不了的恩恩怨怨。

不同的生活经历、不同的兴趣爱好、不同的文化背景和性格，由不同的人组合在一起，形成了一个个或大或小的集体。在这样的环境里要营造和谐的人际关系，对于每一个人来说，都是一个无法回避的问题。

如果非要认真计较的话，每天随便也可以找到四、五件生气的事情。在这个问题上，有些人处理得好，有些人处理得不好。于是，常可以看到，有些人受人欢迎，在生活中如鱼得水，有些人却四面树敌，很难融入集体之中。为什么会造成这样的情况呢？

原因多种多样，归根结底就是，不同的为人处世原则导致了不同关系的产生。有些人在与别人相处中，什么亏都不能吃，什么便宜都想占，看别人时戴着显微镜，高标准、严要求，对自己就总是网开一面、另当别论。这样的人怎么会招人喜欢？

相反，如果能够做到严格要求自己，在生活中与人为善，以宽阔的胸怀待人处世，以严格的标准要求自己，不为一点点的蝇头小利计较，怎么能不受别人欢迎呢？

所以，与别人相处，要本着“宽以待人、胸怀大度”的原则，要目光长远，宽容大度，才能有所作为。

淡然心语：

人生的幸福不在于得到的多，而在于索取的少。凡事斤斤计较的人看似得到的比别人多，其实再多又有何用。当你离开这个世界的时候，还不是孑然一身，争来争去的无非是一些微不足道的事物而已。

7．学会欣赏和赞美他人

欣赏他人，即是庄严自己。

——证严法师

佛经中有这样一则故事：

有一个美食主义者，平时的兴趣就是尝尽天下的美味佳肴。他尤其偏嗜鸭腿，说是鸭子靠两条腿下水能游，上岸能行，肌肉矫健，是鸭子全身质感最好的地方。他经常要妻子陪着他吃遍大小的烤鸭店。妻子每次为了陪他吃烤鸭，总是弄得一身疲惫，于是下定决心研究烤鸭的技艺，准备亲自当炉，能让丈夫大快朵颐。

后来，妻子用心地烹调，居然也能色香味俱佳，手艺之精湛并不亚于专业的厨师。从此丈夫不再到餐厅去吃烤鸭，每天回家享受妻子充满爱心的美食。最初丈夫对妻子烹饪功夫还赞不绝口，渐渐地丈夫的赞美没有了。他只是按时回家吃饭，妻子也本分地端上一盘烤鸭，满足丈夫的口福。

有一回，迷糊的丈夫突然发现盘里的烤鸭只有一条腿。他咬着汁液饱满的鸭肉，满嘴油腻，指着盘中的鸭腿说："奇怪！最近我们家上桌的鸭肉怎么只有一条腿？"

妻子理直气壮，没好气地反驳说："我们家的鸭子本来就只有一条腿。"

丈夫一副不罢休的样子，质问道："胡说，鸭子生下来都是两条腿。我们家后院池塘中饲养的一群鸭子，当初买来的时候也是两条腿呀，为什么你烹煮出来的烤鸭，都只剩下一条腿呢？难道鸭腿自己会长翅膀飞走了。事有蹊跷，我一定要到池塘看个明白，弄个水落石出。"

夫妻俩一前一后来到了花木扶疏的庭院。只见池塘中三五成群的水鸭，有的在碧波上悠然地游荡，有的栖息在岸边闭着眼睛打盹，也有的缩着腿，躲到浓荫的树下享受清凉。

只见妻子指着正在睡午觉的鸭子说："你看！我们家养的鸭子只有一条腿。"

丈夫睁眼一瞧，原来鸭子把一只腿缩到厚厚的毛羽里面，舒舒服服地睡觉，从侧面看起来，好像金鸡独立的勇士。丈夫不发一语，双手使劲地击掌："啪！啪！"

熟睡中的鸭子听到突如其来的拍掌声，从正酣的美梦中惊醒，纷纷放下另一条腿，一会儿潜入水中，一会儿浮出水面，一幅春暖鸭先知的美丽画面。

于是，丈夫高兴地拍掌大叫，得意洋洋地说："你看，我们家的鸭子明明就是两条腿。"

妻子语意双关地暗示说："那是因为你给他们鼓掌，因此才有两条腿。"

淡然心语：

生活中适度的赞美，可以消除很多的隔膜和怨恨，可以增进彼此的感情。赞美别人，如同一支蜡烛，给别人的生活带来一线光明，也照亮了自己前行的脚步。

8．欣然接受别人的批评

勇于接受别人的批评，正好可以调整自己的缺点。

一位住在森林里修行的人，心地非常纯净，也非常虔诚，常常热心帮助他人，以坦荡无私，严格律己而著称。

一天，他感到百无聊赖，于是起身到林间散步，偶然走到一个莲花池畔，池中莲花正在争奇斗艳，竞相开放，十分的美丽。修行人心里升起了一个念头："这么漂亮的莲花，我如果摘一朵插在书房中，让自己沐浴在莲花的芬芳中，感觉一定会好得多呀！"于是，他俯下身来，在池边选摘了一枝，正当他转身想离开的时候，忽听耳边一个低沉而巨大的声音说："你是谁？竟敢偷采我的莲花！"

修行人被吓了一跳，但他环视四周，什么人也看不到，只好对着天空发问："你是谁？凭什么说这里的莲花是你的呢？"

"我乃莲花池神，这池里的莲花都是由我精心照料的，枉你是一个修行人，竟然心起贪念，偷采我的莲花，自己不知道反省、检讨、惭愧，还敢问这莲花是不是我的！"空中的声音说。

修行人瞬间醒悟，内心不禁很是惭愧，于是对着空中躬身忏悔："多谢你的提醒！我一时迷失了心性，欲将莲花据为己有。从今以后我定会加强心性的修炼，不再贪取任何不属于自己的东西。"

修行人正在自我检讨的时候，又有一个人来到池边，自言自语地说："这里的莲花多漂亮呀！我可以采来到市镇去卖点钱，再去赌一把，很有可能会把昨天赌输的钱赢回来！"那人说着就跳进莲花池，三下五除二就把池里的莲花摘了个精光，原本漂亮的莲池被践踏得不成样子，池水变得污浊不堪，连池底的污泥也翻了起来。然后，他捧着一大束莲花，大笑着扬长而去。

修行人一直在期待着莲花池神能出来制止、斥责或处罚这个摘莲花的人，但是池畔始终一片静默。看着那人渐渐远去的背影，他心中充满了疑惑，转回身来愤愤不平地对着虚空责道："莲花池神呀！我刚才只不过虔诚地采了一朵莲花，你就严厉地斥责我，说我的不是。而刚刚那个人采光了所有的莲花，毁了整个莲池，你为何一句话也不说呢？"

空中的声音又出现了，说："你本来是个修行人，就像一匹洁白的布匹，沾上一点点的污痕就很明显，所以我才来提醒你，赶快除去污浊，恢复纯净的本性。而那个人沦陷日久，已无可救药，就像一块抹布，再脏再黑，他也无所谓，我即便有心帮忙也起不到作用，所以只能沉沦下去，这才保持沉默。你不要因为受到别人的指责就心生怨恨，你应该为此感到高兴，因为你的缺点能够被人看见，还帮助你纠正，教导你怎样改正，你应该感到庆幸才是。"

淡然心语：

有时候，批评并非是坏事，在批评中会让自己变得更加成熟和懂事，勇于接受别人的批评，可以让自己变得更加完善。古人语，"闻过则喜"，"言者无罪，闻者足戒"。接受别人的批判你需要一个宽广的胸襟，因为只有心胸坦荡，才能接受直言批评、当面刺过。

9. 恶语伤人三春寒

一个人言谈时，应避免以尖酸刻薄的话去批评别人。

很久以前，有一个信佛教的富翁，他有万贯家财，而且人也很慷慨大方，他经常用钱财去行善布施，供养三宝。

有一天他又拿着很多财物，虔诚地去供养佛陀和僧侣。

佛陀接受了供养后就带领僧众回精舍去了。在回去的路上，佛陀和僧侣在一棵大树下休息的时候，突然从树上跳下一只猿猴，向佛陀求借钵具，佛陀就把钵具借给了猿猴，猿猴速去速回，并把钵具还给了佛陀，钵具里盛满了蜜，佛陀就把这些蜜分给了众位僧侣，猿猴看了，欢喜得直跳。

过了一段时间，这个猿猴死去了，转世为人后，生在这个富翁的家中。在他出生的时候，家里所有的钵体都盛满了蜜。富翁夫妇感到很奇怪，就给他起名字叫作蜜胜。

转眼几年过去了，蜜胜也长大成人，他对世俗感到厌倦，于是要求父母允许他出家，父母答应了他的请求。

得到父母的同意后，蜜胜来到精舍，投佛出家。因为他前世做了很多的善事，所以很快得到了果报。

有一次，他和同修的比丘们外出度化，走到半路的时候，天气炎热，大家都感到非常口渴，这时候，蜜胜比丘拿出自己的空钵，向空中一掷，然后用双手接住，钵体里已经盛满了蜜，于是他就把蜜分给大家吃。

回到精舍后，有一个比丘感到很纳闷，于是就问佛陀："蜜胜比丘前世修的是什么福？为什么他随时随地都能够求到蜜呢？"

佛陀回答道："你们还记得有一次在半路休息的时候遇到一只猿猴？它向我求借钵体，装了满满的蜜来供养僧众。由于它的好善喜施，死后就转化成了人，由于它的诚心，所以今生今世，他都能在任何时候任何地方求得佳蜜。"

佛陀说完后，比丘又问道："佛陀，那蜜胜的前世又是什么因缘让他变成一只猿猴的呢？”

不知不觉，佛陀身边已经聚集了很多弟子，佛陀看着这些弟子们说道：“蜜胜成为一只猿猴，是因为在五百年前，有一位比丘在看另一位比丘过河的时候，感觉那个比丘的姿势像一只猿猴，于是就笑说他像猿猴，因此犯了恶语的罪过，最后被堕为猿猴。后来他知道自己的错，向那位被讥笑的比丘忏悔，免去了地狱之苦，最后遇佛得度，今生也很快证得了罗汉果。”

佛陀讲完以后，诸比丘们都明白了：一句恶言就能招来苦报。从此以后，大家都非常注意自己的言语，再也不敢有戏言和恶语了。

人生很重要的一件事情就是管住自己的嘴巴，很多人常常犯这样的错误，说了很多话，却不知道自己到底要说什么，或者想起了什么就说，无所顾忌，结果是给自己制造了很多麻烦，也给别人带来了很多烦恼，所谓祸从口出，说的就是这样一个道理。

佛经里有这样一个故事：

有一天，释尊带着阿难到王舍城内托钵后，走出城外。他们看见一个巨大的深坑，乃是城内居民倾倒大小便的粪坑，雨水和脏水混入，臭气冲天。其中有一形似人状，而且有许多手脚的小虫。它从遥远处就看见佛来，不断从臭水中抬起头来，泪水直流地仰望着佛陀。

释尊见它那悲凄状，忍不住从怜恤的眼神里，呈现着悲哀，此时，一切反应都看在阿难的双眼里。

佛返回灵鹫山后，阿难铺好坐垫，佛静静地坐着。

阿难代表大家向佛打听刚才看见小虫时，为什么呈现难过的表情。

“世尊，刚才在王舍城外看见粪坑里的小虫，它前世到底做了什么罪业呢？何时投胎在那臭水坑里呢？何时才能脱离那种痛苦呢？”

“阿难，你们仔细听着。现在让我谈谈它的前后因缘。”

佛陀开始谈起往事。

这是过去佛出世教化一切众生结束，入灭以后的事情。当时，有一位婆罗门建造寺庙。供养许多僧伽，有位施主供奉了许多奶物。一天，适逢一群云游和尚来访，该寺的知客僧心里想：

“施主特地送来一批供养品，来了一群不速之客，端出来未免可惜，干脆藏起来吧！”

知客僧果然暗中藏起奶物，不肯摆出来让大家吃。不料，那群做客僧伽早已知悉此事，就责问知客僧说：

“你为什么不让我们吃那些奶制品呢？”

“你们刚来做客，我是寺里的老主人，新来客人怎能享受佳肴呢？”

“奶物是施主供养的，现在住在寺庙的人，应该不分彼此，都能够分享才对。”

知客僧被人责备后，愈加愤怒，以至失去自制心，破口大骂：“你们去喝厕所的脏水吧！哪有资格享受这些美食呢？”

佛把话说到此，就转口说：

“妄开恶口，终有恶报，在以后数千数百年的漫长时间里，他就投生在厕所坑里了，也就是王舍城外那只小虫。他只是对许多出家人说了一次恶言恶语，就饱尝如此痛苦。凡我弟子都应该明白祸从口出，妄开恶言会惹火烧身，故不能等闲视之，对父母和其他人必须言谈温和。”

大家听完佛陀的说法，无不感激万分，各自合掌向佛礼拜，肃静离去。

淡然心语：

人生很重要的一件事情就是管住自己的嘴巴，很多人常常犯这样的错误，说了很多话，却不知道自己到底要说什么，或者想起了什么就说，无所顾忌，结果是给自己制造了很多麻烦，也给别人带来了很多烦恼，所谓祸从口出，说的就是这样一个道理。所以，平时要注意自己的言语，要想好了再说，要知道哪些话该说，哪些话不该说。

10. 用仁慈化解怨恨的坚冰

以慈爱来感化怨恨，以良善来感化邪恶。以施舍来感化吝啬，以真实来感化谎言。

——《佛陀的格言》

有一个年轻人总是闷闷不乐的样子，于是他就去找禅师开示。

年轻人对禅师说："在我小的时候我的父亲经常打我，有时候我真想离家出走再也不回来，可是又没有那么大的勇气和胆量。"

禅师问他："那现在还有人打你吗？你还有什么倒霉的事吗？"

年轻人说："没有人打我，也没有什么倒霉的事，只是我总觉得自己活得挺窝囊的。"

禅师问道："你所说的窝囊指的是什么呢？"

年轻人说："在单位，不管领导说什么，我都不敢发表自己的意见。他们都说我是个没主见的人，最可气的是，我的老婆也瞧不起我。"

禅师说："那也就是说，你的领导不会找你的麻烦，因为你很听话？"

年轻人说道："是的，可能是我父亲在我小的时候已经把我打服了，不敢再有自己的想法和意见。"

禅师说："那么如果当年你父亲没有打服你，你现在总和你的领导对着干，结果又会怎样呢？"

年轻人想了想说道："可能会失去现在的工作吧。"

禅师说道："你父亲无论怎么打你，也不会不养活你，可是如果你的领导'打'你，那就真不养活你了，我说的对吧？"

年轻人听了若有所思地说道："没错，父亲就是再生气也不会抛下我不管。"

禅师说道："所以说，当年你父亲打你，是为了让你今天能够顺利消除困难和阻碍，让你不那么轻易就丢掉饭碗，那么你现在是应该恨他，还是应该感谢他？”

年轻人一时竟然没有答出话来：“这个……”

禅师又说道：“你现在的单位，就像是一个大家庭，领导就是这个家庭的父亲。你也是其中一个成员。你之所以能够保住饭碗，是因为你已经从小在家培训出了服从的习惯。而那些学不会服从的人，自然会跟领导对着干，后果就可想而知了。这就是父母对孩子的爱。有时候确实没什么道理可讲，只看事情的结果。所谓‘不打不成器’，指的正是这个道理。因此，我们今天要把对父母的抱怨和不理解转化为感恩，把真正的爱找回来，人才会开心，家庭才会圆满、和睦。”

淡然心语：

一个人如果能够怀着一颗感恩之心去做事情，那么一定能够赢得别人的尊重和喜爱。因为感恩可以化解很多的矛盾和怨恨，心怀感恩，所有的不快和委屈就可以在相互理解的关爱里消散。用感恩的心情来对待生活，不怨天尤人，不心烦气躁，生活便会幸福安康。

第六章
做自己的菩萨，智者自救

心境澄明是人生的一种自在意境，如果能够抛却尘世的纷纷扰扰，生命就能够达到一种超然的洒脱的境界，人生也将得到升华。世界上没有不可逾越的障碍，只有不可逾越的心碍。要想取得成功，关键在于自身，只要下定决心，保持谦虚谨慎的心态，积极进取，尽力而为，便可在崎岖中见到坦途。

1. 求人不如求己

我们不能改变周遭的世界，我们就只好改变自己，用爱心和智慧来面对这一切。

某人在屋檐下躲雨，看见观音正撑伞走过。

这人说："观音菩萨，普度一下众生吧，带我一段如何？"

观音说："我在雨里，你在檐下，而檐下无雨，你不需要我度。"

这人立刻跳出檐下，站在雨中："现在我也在雨中了，该度我了吧？"

观音说："你在雨中，我也在雨中，我不被淋，因为有伞；你被雨淋，因为无伞。所以不是我度自己，而是伞度我。你要想度，不必找我，请自找伞去！"说完便走了。

第二天，这人遇到了难事，便去寺庙里求观音。走进庙里，才发现观音的像前也有一个人在拜，那个人长得和观音一模一样，丝毫不差。

这人问："你是观音吗？"

那人答道："我正是观音。"

这人又问："那你为何还拜自己？"

观音笑道："求人不如求己。"

求人不如求己。每个人先要做自己的观音菩萨，解脱自己自性的烦恼，然后才能惠及他人。

还有这样一个故事：

有父子二人以偷窃为生，尤其父亲的伎俩高超，只要一出马，从来不曾失手，称得上是天下的空空神偷，但是父子俩坚持盗亦有道的原则，仅仅以悭吝不仁的富豪为偷窃的对象。

儿子看到父亲的手法如此神异，心中钦佩不已，一再央求父亲把十八般武艺传授给他，但是父亲总是笑而不应。一个月黑风高的夜晚，父亲把儿子叫到跟前，郑重其事地说："今天晚上你跟我去做一桩生意，我要把毕生的功夫全部传授给你。”

儿子听了欣喜若狂，赶忙和父亲穿了夜行的黑衣，父子俩一路向以放高利贷闻名的赵员外家奔来。父亲翻身跃入了高耸的围墙，儿子则踩着树枝，勉勉强强也爬进了花园。黑暗中，父子俩摸索着来到了赵员外的房间，用薄薄的利刃撬开了厚实的房门，赵员外如雷般的鼾声，给儿子壮了不少胆。儿子蹑手蹑脚、翻箱倒柜，满箱的珠宝闪烁着，儿子正要伸手去抓，突然听到父亲大喊：“有贼啊！有贼啊！”

儿子一慌，赶快顺势躲进衣橱里面，而父亲却早已翻跃出墙外，不见身影。好梦正酣的赵员外，惊出一身冷汗，急忙呼唤家丁：“快来人哪！抓贼呀！抓贼呀！”

家丁们拿着木棍铁棒赶来，大声吆喝着要抓贼！吓得衣橱内的儿子直打哆嗦，赶忙：“喵！喵！”地学猫叫。众人一听，原来是一只正在抓老鼠的猫！不再怀疑是有盗贼，纷纷收起武器，准备回房再去睡回笼觉。

儿子趁众人松弛戒备之际，以迅雷不及掩耳的速度从衣橱内窜出，朝花园拼命地奔跑，众人拿着家伙在后面紧紧地追赶。儿子气喘吁吁地逃到了后花园，眼看家丁从后面紧追不舍，千钧一发之际，急中生智，拿起一块大石头，用力朝院中的一口古井内掷去，“扑通！”一声，溅起一片的水花，并且脱下自己的一只破鞋，摆在井口的旁边，然后赶紧闪身躲进一片树木之中，屏住呼吸，静静观看情势。

赵员外等一行人闻声赶到，不见小偷的影子，只见一只鞋子躺在潮湿的地面上，哦！原来小偷跳井自杀了，折腾了一晚，众人于是各自回房去休息。

惊魂甫定的儿子，想尽办法终于平安地回到了家里，向父亲抱怨道：“父亲，你怎么能够这样对我呢，不但没有传授我功夫，并且还害我差一点死于乱棍之下。”

“那你又是怎么逃出来的呢？”父亲心平气和地问。

“我是靠我的急智，装猫叫、假投井自杀，骗过众人耳目，才得以逃脱的呀！”

“这不就对了！求人不如求己。儿子，你已经得到了我的真传绝学。”

淡然心语：

人生在世，有些事情是别人替代不了的，生老病死、烦恼解脱，谁都不可避免。生命的圆满要靠自己脚踏实地去实践。求人不如求己。每个人先要做自己的观音菩萨，解脱自己自性的烦恼，然后才能惠及他人。

2. 在职责中品味幸福

人在履行职责中得到幸福。就像一个人驮着东西，可心头很舒畅。人要是没有它，不尽什么职责，就等于驾驶空车一样，是白白浪费。

——海涛法师

日本曹洞宗始祖道元禅师，二十几岁时，曾乘船来中国参学。

当船只停泊在庆元港时，道元禅师遇到了一位出来采办饭食的老典座。两人相谈甚欢，不知不觉，天色已晚，这位老典座即起身向道元禅师告别。

道元禅师谈得正起劲，便挽留说："今日能够听到您这番话，也算是有缘。时辰不早，今晚不妨就留在船上过夜，明早再送您回去吧！"

老典座回答："谢谢你的好意。明天正好要煮面供养大众，所以不方便在此过夜。"

道元禅师继续挽留说："少你一个人也不妨碍吃饭啊！就算您不在寺里，典座也会有别人代理啊！"

哪知老典座听完道元禅师这番话，正色道："自己的事情不能让人代理。人人都有自己的位置和职责，怎么可以轻易放弃或请人代理呢？何况我又未曾获得外宿的同意，不能破坏清规。"

"可是，您已经是年高德昭的长者，按说应该安心坐神，勤于读经呀！为什么还要负责典座这种琐碎事呢？"道元禅师疑惑地问道。

老典座看看道元禅师说："青年人，恐怕你还不了解什么是文字？什么是为道？"

顿时，道元禅师心生惭愧，老典座的一句"何谓文字？何谓为道？"让他为之语塞。后来，他听说那位老典座也是一位著名的禅师。但是多少年来，他都坚持亲自为僧众们准备粥饭。

后来，道元禅师回到日本后，对典座一职视为尊贵的办事道行，决不允许大家敷衍了事，或随便找别人代替。后来他在自己的一本书中，专门详细地记载了当年老典座给他的那一番教导和启示，借以训示后人，鼓励后人用功为道。他之所以能够开创曹洞宗，就是因为受了老典座的启发。

淡然心语：

无论做什么事情，从事何种工作，都没有尊卑高下之分，只需要尽职尽责做好自己分内的事情就好。一个人的责任感越大，成就也就会越高。一个有责任心的人，不论做什么事情，都不会被埋没。而一个没有责任心的人，即使拥有再高的职位，也仍然不值一文。

3. 挖掘自己的潜能

不要轻视自己的力量。一滴水滴到水缸中，整缸水就是我们的；因为你的那滴水已和缸中水结合在一起，分不出是你的或不是你的。

——证严法师

有一只老鼠，想把自己的女儿嫁出去。一天，老鼠正在院子里琢磨女儿出嫁的事，猛一抬头，看到光辉四射的太阳。它自言自语道："太阳力大无比，只有它才配做我的女婿。"

于是，它匆匆赶到太阳宫，对太阳说："太阳，世界上数你最强壮、最俊美，只有你配得上我的女儿。"

太阳谢绝说："可是，我并不像你想象的那样。你看那边的云彩要是围住我，我就会黯然失色。你去找云彩吧，也许它愿意娶你的女儿。"

老鼠听了太阳的话，就去找云彩。

云彩对老鼠说："我哪里有什么本事，风一刮，我就七零八落了，你还是去找风吧。"

老鼠听了云彩的话就去找风，它怕风也拒绝了它，于是亲自带着女儿前往。找到了风，老鼠说明了自己的来意，风听了，谦和地说："你的好意我心领了，你知道，我吹了几百年的塔，塔都没有倒，你还是找塔去吧。"

无奈，老鼠又去找塔，并说明自己的来意。塔说："你听到我墙里面'沙沙'的响声了吗？那是你们在打洞，风虽然吹不倒我，但我迟早会被你们弄塌的。你说谁厉害？"

老鼠这才恍然大悟，闹了半天，世上还是俺们最厉害。于是决定把女儿嫁给自己的同类。

其实，世界上有一个人，离你最近也最远；你常常想起，也最容易忘记的就是自己。

每个人都有无限的潜能，尤其遇到危急的时候，平时弱不禁风的人，也会力气倍增。紧急关头能激发出一个人身上最大的潜力。

人有无限的潜能，但平时使用的，只是几万分之一而已。我们自身的宝藏就像能源藏在海底、埋在深山里，需要开发才能显现出来。如果自己不去发现，不去挖掘，宝藏就会变成无用的石头。

淡然心语：

有些人永远盲目崇拜他人，贬低自己，结果是长了他人的志气，灭了自己的威风。实际上，每个人都有自己的特长，说不定，自己的某些长处也正在受到人们的重视。所以，我们要摆正心态，增强自信心，挖掘自己的潜能，做最好的自己。

4. 苦难是修行者的必经之路

如果一个人没有苦难的感受，就不容易对他人给予同情。你要学救苦救难的精神，就得先受苦受难。

佛经中有这样一个故事：

苏那长老尼在没有出家以前，老公每天打她，后来老公早死，剩下四个孩子，都是她一手抚养长大的。她年岁大了之后，自己没有能力赚钱，难以继续生活，就去投靠她的儿子，没想到儿子不孝顺，一天到晚忤逆她。她内心里面充满着不满，对上苍充满着抱怨：为什么我的命这么苦？

后来去投靠她的女儿，女儿第一次还给饭吃，两次、三次她女儿受不了了，女儿说："我自己也有孩子，也要养，很苦。"就把她赶出去了。她内心里面就更加痛苦、仇恨。人在未出家前碰到这种逆境谁都受不了。后来她在外面有一餐没一餐的，又摔断了腿，变成残废。

她开始想到：据说有一个世尊很慈悲，他那边有长生不老的药，叫作般若正念智慧，一得到这种般若正念的智慧，就会长生不老，就不会死亡，她想：我去试试看。

她来到一个精舍要求出家。精舍里的人一看，又老又丑又残废，收下来要我们怎么照顾你呢？不给她剃度。她就在外面哭，真的是苦不堪言，在家子女不孝顺，要跟着世尊出家又没人要收留她，她就哭个不停。

后来又去了好几个精舍，都没人要收。她跟精舍的人讲：我一定遵守这里的戒规，我一定精进修行。可是没有人相信，因为她太老了又残废。后来有一位精舍负责人就说：就给一次机会吧！这个长老尼非常欢喜，就开始剃度出家。

出家后，那些健康的人很懒惰，健康的人常常想："死亡还没有轮到我，因为我年纪轻。"

苏那长老尼又老又丑年纪又大，所以每天非常勤奋，非常精进，她每次都感慨："我没有办法到森林里面修行，我只能扶着墙壁走路。"

因为是残废，她就扶着墙壁沿路观照，缘起无自性，一切法无我。苏那长老尼有无比坚定的正念，在那些健康的人睡觉、休息的时候，她扶着墙壁一直绕一直观照。没办法打坐就坐在石头上观照，结果无比坚定的意志力，精进、观照，慢慢进入禅定的状态。最后开悟了。

苏那长老尼的故事告诉我们：永远不要放弃修行的机会。只要还有一口气在，就不要放弃。

淡然心语：

有时候，成功并不与实力强弱成正比。意志不坚定，半途而废，或者怨天尤人，最后只能与成功擦肩而过。做什么事情都需要坚持，意志坚定，古今中外那些成功之人都具有超人的坚定意志和百折不挠的毅力。

5．最忠实的伴侣——自己

认识自己，降伏自己，改变自己，才能改变别人。

永戒、慧忠和随缘三个和尚一同出游，出门的时候，慧忠带了一把伞，随缘拿了一根拐杖，永戒则两手空空。

晚上归来时，拿雨伞的慧忠被淋湿了衣服；拿拐杖的随缘跌得身上全是泥，而空手的永戒却什么事都没有。慧忠和随缘都感到很奇怪，问永戒和尚这是为什么。

永戒和尚没有回答，而是问随缘："你为什么淋湿而没有摔跤呢？"慧忠说："下雨的时候，我很高兴自己有先见之明，撑开伞大胆地在雨中走，衣服还是湿了不少。泥泞难行的地方，因为没有拐杖，走起来小心翼翼，就没有摔跤。"

永戒又问随缘："你为什么摔得满身是泥呢？"

随缘说："下雨时，因为没有伞，我就拣能躲雨的地方走，或停下来休息。泥泞难行的地方我便用拐杖拄着走，却反而跌了跤。"

永戒哈哈大笑，说："下雨时，我拣能躲雨的地方走；路不好时，我细心走。所以我没有淋着也没有摔着。你们有凭借的优势，就不够仔细小心，以为有优势就没问题，所以反而有伞的淋湿了，有拐杖的摔了跤。"

郑板桥曾经说过："滴自己的汗，吃自己的饭。自己的事，自己干。"千靠万靠，不如自靠，天地万物之间，最能依靠的人还是你自己。

靠自己的努力，能让自己的劣势转化成优势；依靠自己，能让自己由软弱变得坚强。

人生在世，总要或多或少地依靠来自自身以外的各种帮助。父母的养育、师长的教诲、朋友的关爱、社会的鼓励等等。

然而，有些人已经远远超出和大大脱离了一个人需要外部力量帮助这种正常之靠，而演变成只能靠父母和朋友的依赖心理，把自己立身于社会的希望完全寄托在父母和朋友的身上。

在家靠父母的人，一般是自己在生活上不能自理而饭来张口、衣来伸手的人，或者事业上不能自立而离不开父母权力、地位和金钱支撑的人。

出门靠朋友的人，一般是那些喜欢拉关系、走捷径，把哥儿们义气看得最重的人。这些人在处理人际关系时相信朋友决定一切，依靠朋友可以成就一切。于是，为了交朋友、靠朋友、常常不讲原则，甚至连道德、法律都不顾。

不要总是依赖他人，把希望都寄托在他人身上，而要依靠自己解决问题，别人只可能帮你一时却帮不了你一世。所以，靠别人不如靠自己，最能依靠的人还是自己。

淡然心语：

很多人失败，都是输给了自己，而不是输给了别人，因为自己如果不做自己的敌人，世界上就没有能战胜你的敌人。

6. 空中之阁，难以长久

我们不停地向外追求，心里头就产生了匮乏。追求情，在心理上就有了缺乏温情的感觉；追求财富，就产生财物不足的穷困；追求权势，便引起对权力的渴求。

——郑石岩

有一位富翁，虽然有万贯家财，但是却缺乏聪明才智。有一天，他的朋友盖了一幢大楼，举行落成完工典礼，就邀请这位翁前去观礼。

这幢楼房一共有三层，建得美轮美奂，高广轩敞，极为华丽。朋友带着观礼的客人一层一层的欣赏，只见第一层楼建筑得错落有致，回廊围绕，花影飘香。

第二层楼比第一层楼更为美丽华贵，屏扇桌椅的摆设，都可以看出主人的高雅品位。客人们个个看得目不转睛，口中不绝地赞叹。到了第三层楼，大家惊得屏住了呼吸，只见第三层楼极尽庄严，人间难得一见，客人们瞠目结舌，无法言语。

富翁欣赏了朋友的三层楼之后，心中悻悻然，心想：我和他一样富有，他能建这么豪华的三层楼，我为什么不能呢？主意打定，于是把建筑这幢楼阁的工匠找来说：

“某某人的三层楼是不是你建的？”

“没错！是我的精心杰作。”

“你能不能依照它的蓝图，为我建筑一模一样的三层楼呢？”

“没有问题，一定让你满意。”

工匠第二天就找来一批人，开始挖掘地基，准备大兴土木，把三层楼建设起来。恰巧富翁巡视经过，看到一群工人正在挖地，疑惑万分地对工匠说：

“你们为什么挖地呢？”

“地挖得深，才能建高楼呀。”

“我只喜欢那第三层楼的设计模样，你只要为我建第三层楼就行了，何必要如此煞费周章呢？”

“没有第一层、第二层楼做基础，怎么能兴建第三层呢？纵然盖得起来，也是一幢禁不起风雨的建筑呀。”

“怎么盖不起，你只要有几根木头支撑，上面就可以盖第三层楼了。”

工匠一生为人兴建许多大楼，从没听说不打地基而凭空建楼的新鲜事，看到富翁执意不变，只好依照富翁的意思，打下木条，架空兴建那庄严而沉重的第三层楼。

三个月后，第三层楼果然如期建好了，富翁雀跃万分，发下帖子，也请他的朋友来参观第三层楼。朋友们看到摇摇欲坠的三层楼，都害怕地裹足不前，只有富翁一个人兴致勃勃地向人炫耀他的独到巧思，并且举家都迁入居住。这幢只有第三层的楼阁，由于承受不了压力，终于倒塌了，富翁也被埋在了瓦砾堆中。

淡然心语：

不论是做人还是做事，都不能一蹴而就，更不能急功近利，否则只能前功尽弃，像空中楼阁一样，不会存在长久。要脚踏实地打好基础，付出辛勤的劳动和汗水，才能有所收获。

7. 接受和相信现在的自己

你自己就是一颗明珠，自己即是如来，要接纳自己，欣赏自己，肯定自己，那样才会有圆满的人生。

——郑石岩

《法华经》中有这样一则故事：

有一个穷人去拜访一位极富有又位居高位的朋友。朋友见他穷困潦倒，非常同情他，所以很热心地招待他。

穷人放怀吃喝，酒足饭饱之余竟醉了。这时朋友忽然接到官方命令，要到远方任职。朋友看看倒地呼呼大睡的他，无论如何也摇不醒，只好去远行了。

穷人好不容易清醒了，只见朋友毫无踪迹，只好继续过自己的流浪生活。

后来，在一次偶然的机会中，两人又重逢了，朋友见他仍潦倒如昔，遂问起那颗高价的明珠呢?

原来，朋友好意要资助他，但昏醉的他金银无处可托。于是想出一计，将一颗高价的宝珠缝在他的衣服里，即匆匆赴远地任职去了。

这时候这个穷人才知道自己拥有一颗无价的珍珠。

每个人都有自己的价值，要相信自己，学会挖掘和重视自己。

有一位大哲学家风烛残年之际，想考验和点化一下那个平时看来很不错的助手。他把助手叫到床前说：“我的蜡所剩不多了！得换另一只接着点下去，你明白我的意思吗？”

“明白，”那位助手赶忙说，“您的思想光辉需要一位优秀的助手很好地传承下去。”

大哲学家不无沉重地说：“我需要一位最优秀的承传者，他不但要有相当的智慧，还必须有充分的信心和非凡的勇气，你帮我寻找和发掘一位这样的人选，好吗？”

助手很温顺很恭敬地说，“我一定竭尽全力去寻找，不辜负您的栽培和信任。”

大哲学家放心地笑了笑，没再说什么。

此后，那位忠诚而勤奋的助手，不辞辛苦地通过各种渠道开始了四处寻找。可他领来一位又一位，都被大哲学家一一婉言谢绝了。

一次，当助手面有愧色地无功而返时，病入膏肓的大哲学家硬撑着坐起来，抚着那位助手的肩膀说：“真是辛苦你了，不过，你找来的那些人，其实还不如你。”

不等老师说完，助手便言辞恳切地说：“我一定加倍努力，哪怕找遍城乡各地，找遍五湖四海，我也要把最优秀的人选挖掘出来，举荐给您。”

大哲学家看着他，不再说话了。

半年之后，大哲学家眼看就要告别人世，助手泪流满面地坐在病床边，语气沉重地说：“我真对不起您，最优秀的人选还是没找到，让您失望了！”

“失望的是我，对不起的是你自己。”大哲学家长叹一声，忧伤地闭上了眼睛。停顿了许久，才又不无哀怨地说：“本来，最优秀的就是你自己，只是你不敢相信自己。”话没说完，大哲学家就永远离开了这个世界。

相信自己是最好的，就不会对自己的能力以及未来充满疑惑，就可以用最果断的行动来实现自己的愿望和目标。

拿破仑·希尔曾经说过：“我成功，是因为我志在成功。”如果没有这种志在必得的信心，他绝不可能获得这么大的成就。

一个年轻人来到上觉院，要算算自己的命运。

怀德禅师得知了他的来意，说：“每个人都有佛性，你的命运掌握在自己的手里，要相信自己有这个能力来改变自己，别人如何能帮你算出自己的命运呢？”

年轻人说：“听说贵院有个云游的‘张半仙’会看相，灵验得很。”

年轻人又接着说道：“我就曾听说过有关他的一个故事：有一位老小姐登门看相，相士开门见山第一句话是：‘恭喜你，你快要结婚了。’这一句是免费的。老小姐担心：‘婚后的生活有没有波折？’回答这个问题，相士要30块钱。谈到将来，相士告诉她命中有4个儿子。

她把手抽回去。怀疑地说：‘不对吧，医生断定我不能生育。’

相士再把她的手要回来，仔细看了，坦然作答：‘你会有4个儿子。’老小姐认为这是不可能的。

然而故事的结尾是，她结婚了，自己虽无所出，却是4个孩子的后母。”

怀德禅师听年轻人说罢笑道：“这个故事倒巧妙得很。‘张半仙’的确在这住过一些日子，也曾挣过不少钱。但是，他昨天已经走了。”

年轻人问：“他为什么要走？”

怀德禅师说：“他‘破产’了，在这里再也混不下去了。”

“他怎么会‘破产’呢？”年轻人感到十分诧异。

怀德禅师说：“昨天，‘张半仙’给一个青年看相，称赞他有财运，忽见对方脸上有诡异的笑容。那青年非常沉着地掏出刀来。‘张半仙’只好交出了自己所有的钱。目击了这一经过的一位老和尚劝他报案。不料，‘张半仙’连连摇手：‘我看过他的手相，他没有牢狱之灾。不必报案，警察抓不到他。’随后，他就悄悄地走了。”

凡事有因必有果，这不但是禅宗一再坚持的观点，而且也是人生的大智慧、大总结。一个人的命运是由他现在所做的一切所决定的，一切结果都掌握在他自己的手里，别人是不能左右的。所以，要始终相信自己是最好的，是最有希望的。

自信对于立志成功者具有重要意义，而且也是自己拯救自己的根本所在。成功者大都有“失败”的经历，但坚定的信心使他们能发现隐藏在事物中的薄弱环节，搜寻到破解矛盾的“钥匙”，打开横在面前的“山门”。

一个人相信自己是什么，就会是什么；一个人心里怎样想，就会成为怎样的人。这从心理学上说也有一定道理。每个人心里都有一幅“心理蓝图”，或是一幅自画像，有人称它为运作结果。如果想象的是做最好的你，那么就会在内心的“荧光屏”上看到一个踌躇满志、不断进取的自我。同时，还会经常收听到“我做得很好，我以后还会做得更好”之类的信息，这样注定会成为一个最好的你。

美国哲学家爱默生说：“人的一生正如他一天中所设想的那样，你怎样想象，怎样期待，就有怎样的人生。”

任何时候都要相信自己是最好的，因为只有这样，才能征服世界！

如果不相信自己，谁会相信你？如果总是怀疑自己，哪能成大事？只有意识到自己是大自然的一分子，坚信自己拥有“无限的能力”与“无限的可能性”，就由自然王国走向必然王国。

淡然心语：

有时候很多人不敢相信自己，其实每个人都有自己的优点，只是有时候过于自谦或自卑，就把自己优秀的一面给埋没了，这也是人性的弱点。自信是成就自我的基石，只有充分认识自我、肯定自我的人，才会恰当选择自己所能做的事，才容易成就自我。

8. 耐心等待，不要急功近利

做事情懒懒散散，急躁而没有耐心，是导致堕落的重大因素。

戒台寺有位虚尘大师，他总是开导人们不论经营还是处世都要诚信待人。

一位小商人听了他的执教后，本着诚信的原则经营，但是收入却不见增加，他实在沉不住气了。

一天，他问虚尘大师："我听从您的教诲，采取了诚信的手段，自己的顾客确实在逐渐增多，但为什么我的收入还是不能增加呢？"

当时正是秋天，虚尘大师领他来到院中，指着一棵苹果树告诉他："你看这棵苹果树上的苹果是否都会在同一时间成熟？它们同时接受了阳光、雨露、养料，有些苹果早已红透了，那些依旧青青的非不能成熟而是时间还没有到而已。"

商人听完平静下来，他明白自己太急功近利了，愉快地接受了虚尘大师的教诲，离开了寺院。

一年后，虚尘大师收到这位商人一大笔捐赠，这位商人在信中说自己的业务"空前红火"，以致自己没有时间亲自到寺里来致谢了。

不管怎样，急于露头角就难于成气候，急功近利不足成大事。

在海边，有两个叫阿呆和阿土的渔民，他们老实巴交却都梦想成为大富翁。

有一天阿呆做了一个梦，梦见对岸岛上寺庙里有49棵朱槿，其中开红花的那一株下埋有一坛黄金。于是，阿呆满心欢喜地驾船去对岸的小岛上。岛上寺里果然种有49棵朱槿。

此时已是秋天，阿呆便住了下来，等候春天的花开。

肃杀的隆冬一过，朱槿花一一盛开了，但都是清一色的淡黄。阿呆没有找到开红花的那一株。庙里的僧人也告诉他从未见过哪棵朱槿开红花。阿呆便垂头丧气地驾船回到了村庄。

后来，阿土知道了这件事，也去了那座寺。又是秋天，阿土也住下来等候花开。第二年春天，朱槿花凌空怒放，寺里一片灿烂。奇迹就在那时出现了：果然有一棵朱槿盛开出美艳绝伦的红花。阿土激动地在树下挖出一坛黄金。后来，阿土成了村庄里最富有的人。

显然，阿呆与富翁的梦想只隔了一个冬天。他忘了把梦带入第二个灿烂花开的春天，没想到那些足可令他激动一世的红花就在第二个春天盛开了！

淡然心语：

某些时候，耐心是很重要的。耐心会让一个人抓住机会。没有耐心的人总会在前进和倒退的翻来覆去中浪费生命。所以，人生要善于等待。只要抱定一个理想，不断地去努力争取，总有一天会如愿以偿的。

9．修行无须拘泥于外在形式

心如大海无边际，广植净莲养身心；自有一双无事手，为作世间慈悲人。

——黄檗

一位和尚远行化缘路过一个国家，正准备找一个阴凉处休息一下。此时正值夏季，烈日当空，酷暑难耐，人就像在火炉中一样。

好不容易，找到了一棵树。和尚正想休息，忽然，他的目光被一个景象吸引住了。前面不远处的一块空地上，放着五盆熊熊燃烧的炭火，而在这五盆炭火中央蹲着一位婆罗门。

他浑身都被炭火烤得乱七八糟，头发被火烤得就像冬天的草一样又枯又黄，嘴唇也裂开了口，这个和尚感到很奇怪，便问阴凉处休息的人，那位婆罗门是谁？有人告诉他说是“缕褐炙”，因为他一年四季都穿着这身破旧的衣裳，所以人们都这样叫他。

和尚见此情景，于心不忍，走上前问道：“这么热的天你为什么不找个阴凉处避暑，反而还在太阳底下烤火？”

婆罗门伸手抹了一把满脸的大汗，答道：“我听说烤火有助于修行，所以无论春夏秋冬，我从不间断。今天天气特别热，我更要把火烧得旺些，以求尽快修成正果。”

和尚听了，不禁摇头叹道：“该烤的东西你不烤，反而烤那些不该烤的东西，你这么片面的去理解修习苦行的含义，岂不是舍本逐末吗？”

正在咬紧牙关忍受着极端痛苦的婆罗门一听和尚这么不以为然的口气，立刻火冒三丈，盯着和尚恨恨地说道：“你不要耽误我的大事，请你走开。”

和尚慢条斯理地说：“我走开可以，但恐怕你还是修不成正果吧。”

这次，婆罗门问道：“那么你说，到底什么才是真正该烤的东西呢？”

和尚回答：“真正该烤的东西，是你那颗充满愤恨的心。这就好比牛拉车，车子不会走路，你应该用鞭子抽打牛。人的身体就好比是车子，心灵好比是牛，所以，你应该去烤你那颗心啊！”

婆罗门这才恍然大悟，惭愧地向和尚跪下身去，感谢他为自己指点迷津。

常有人误认为，那些有成就的人，都像苦行僧似的。只会工作，生活枯燥，没有个性。这完全是一种误解。“会道的一缕藕丝牵大象，盲修者千钧铁棒打苍蝇。”告诉人们做事要动脑筋，要讲究方法。

淡然心语：

心明才能眼亮。不论干什么，都要开动脑筋抓住关键，掌握正确的方法，光吃苦受累是不够的。如果方向搞错，犯了南辕北辙的错误，就会白忙一场。

10. 希望是不可丢弃的法宝

希望、信念和目标引导着光明和生存，这是做人必须拥有的三样法宝。

曾经有位技艺高超的盲人琴师，每个听过他弹奏的人无不竖起大拇指。他带着一个盲童，以弹唱为生。

老琴师有个习惯，就是每弹断一根琴弦，就在琴身上认真地刻下一道。有一天，老琴师正在弹奏时，琴弦突然断了。他非常激动，泪流满面地刻下了第一百道。原因是老琴师的师傅在临终前曾叮嘱过他：当他弹断第一百根琴弦并且刻到第一百道时，就可以翻看他的遗嘱，而且可以按照遗嘱中的药方去医治失明的双目。

他迫不及待地带着盲童找到了一家药店。可是，出乎他意料的是，抓药的伙计告诉他：遗嘱上片字未有，那只是一张空空的白纸。老琴师顿时惊呆了，因为他不愿相信自己的耳朵。尽管他明白师傅的一片苦心，可是一直以来支撑他活下去的精神支柱彻底崩溃了。

不久，老琴师便离开了人世。临终之前，他用盲文为盲童写下了一封遗嘱，内容是："我的经历告诉你一个做人的道理：战胜客观环境的前提是先战胜自己。要想拥有丰富多彩的生活，仅有物质力量的支持还不够，还需要用精神力量去填充。"

光阴似箭，转眼间，当年的盲童已成为了一位技艺更加高超、名声更加显赫的琴师。他拿出珍藏数十年的遗嘱，又在上面用盲文补充道："希望、信念和目标引导着光明和生存，这是做人必须拥有的三样法宝。"

每个人，因为有了希望才会有前进的动力，有了前进的动力才有目标实现后产生的喜悦，才有精彩纷呈的生活。

有一个人掉进河里了，水流很大也很急，他被水冲向下游。他拼命地在水里抓，想要抓住什么东西来救自己一命，但是手里连水草都没有！

他心想："这下完了，没救了！"正这样想着，他立刻泄气了，身体也慢慢地向水下沉去。

忽然，他想起在不远处的河岸边有一棵树，树枝一直伸到河水里面，他可以抱住那棵树，希望又在心中重新燃起，于是他使出浑身力气挣扎到那棵树那里。可是伸到河里的那一截树枝早已枯死了，他刚刚能拽到树枝，就听到"咔嚓"一声，树枝断了，就在这个危急时刻，救援的人及时赶到，将他从河中救了上来。事后他说，要不是心中想着那截枯树枝，我根本等不到救援人员。

任何时候，只要有希望，我们就能够坚定地走下去，不管路途有多遥远、坎坷、艰辛。

人生可能平淡，也可能暗淡，甚至可能迈入黑夜，但是惟独不能让心中缺少一盏灯。只要心中有希望，走到哪里都是光明。

希望是生命的源泉。人类的创造性因希望才能不断向纵深发展。在希望中生活的人，总是充满着活力和干劲，永远不会无聊和僵化，不会对未来失去信念。

因为有了希望，心田不会干涸，黑夜不再漫长，日子不会枯燥无味，生活会变得格外美好，心中也时常抱有感恩的心。

淡然心语：

生活上处境困厄的时候，事业上遭受挫折的时候，被敌人诅咒的时候，被朋友抛弃的时候，即使在看起来走投无路的时候，只要我们希望之火不灭，我们就一定会找到出路，走出困境。

11. 命运掌握在自己手中

我们是自己的主人，我们讲良心不是由于社会的强迫，而是出自对自身生命的关怀和承担。

——净慧

一天，有一位修行僧人四处云游化缘，不知不觉中他就走到了一个施主家。他看见那家的主人正在用杨树枝漱口，并把牛黄涂在前额上，头上还戴着贝壳，手里拿着毗勒果高高举起，然后贴在额上，态度非常的恭敬，像是在举行什么仪式。，

修行僧人看见他如此奇怪的模样，便不解地问道：

“你到底在干什么？”

施主回答说：“我在扮吉祥呢！”

僧人追问道：“扮吉祥能得到什么好处呢？”

施主得意地答道：“这样必能得到巨大的功德，这样吉祥就能降临到我这里来，而且还能避免一些厄运。譬如该死的，可以继续得以存活；被捆绑着的，能够得以解脱；挨打受罪的，能被宽恕等很多事情。”

听到这个施主如此无知的话，修行僧人笑道：“倘若扮作吉祥，就能获得这些福利，那还真不错。可是这牛黄是从哪里来的？”

“牛黄是从牛的胸腔中取出的。”施主说。

“如果涂上这牛黄，就可以得到吉祥和福报，那么，牛为什么还要被人用绳子穿透鼻孔被迫去拉车，被人骑乘，而且还要忍受鞭策、饥渴和疲劳的煎熬呢？”

“牛的确是过这样的生活。”施主点头同意。

“牛自身拥有吉祥的牛黄，却不能解救自己所受的困苦，这又是为什么呢？”

修行僧人见施主迷惑不解，便进一步开解说：“牛的体内就有牛黄，尚且

不能解救自己的苦痛，你只是在额上擦些牛黄，又怎能解救自身的困境呢？”

施主听完和尚的教训，觉得很有道理，也就默不作声了。

修行僧人又问他：“这种雪白的硬物，又能吹出声音的东西是什么？它是从哪里来的？”

“这是从海里涌出来的贝壳。”施主回答。

僧人说道：“它显然是被海浪遗弃在陆地上，又被烈日炙晒，才窒息而死的。倘若如此，怎能说是吉祥呢？那只虫跟贝一块儿生活，昼夜都藏在贝壳里。但当它死去的时候，贝壳尚且救不了它，你现在只是暂时戴上了贝壳，如何救得了你的不吉呢？”

施主一听，只是点头，默默不语。

修行僧知道自己的话已经打动对方的心，是该救他的时候了，便继续说：“世人把它看成欢喜丸，非常重视的那个东西是什么？”

“那是毗勒果啊！”施主说。

“毗勒果是树上的果实。人要得到它时，先用石头投掷，毗勒果和树枝就一块儿掉落下来。因为有果实存在，所以树枝和叶子才会被打落下来。”

“的确如此。”施主说道。

“如此看来，你有了它，又有何吉祥可言呢？果实虽然生长在树上，自身无法守住这棵树。有人投掷要取它时，树枝和树叶同时坠落，又被做成柴薪燃烧而不能自救，怎么又能保护得了人类呢？”

修行僧人一番诚恳的话，解开了施主心头的迷惑，让他明白了许多。

在这个世界上没有人能够掌握我们的命运，只有自己才是自己命运的主人。在这个世界上，根本没有一个外在的可以主宰吉凶的东西，只有凭借自己的力量，努力争取，才会改变自己的未来。

有一个小沙弥一脸难过地跑去找老和尚，向老和尚诉苦：“师父，小土豆他们一群人在讨论什么‘操之在我’，我怎么听不懂呢？”

老和尚就宽慰小和尚说：“别难过喔！为师说个故事给你听听。有一天，地狱里的赵判官到了阳间，跟甲乙两个员外说：你们两个寿命都只剩下三个月。三个月之后，我会到你们府上摇铃，在摇铃声中你们将随我而亡！甲员外回到府里，望着自己的财宝，每天茶不思，饭不想。乙员外却觉得反正他的万贯家财也快用不到了，于是开始为乡里造桥铺路，济贫救困。三个月很快就到了，赵判官来到甲府，甲员外早就因为忧郁而非常衰弱。判官还没摇铃，甲员外就倒地过世了。而乙员外，因为做了许多善行，村民都来感谢他，一时之间门庭若市，热闹不已，凭赵判官的铃摇得再响，他也没听见。于是，乙员外自在地活了下去。”

小和尚听完故事对老和尚说：“我懂了，不要因一点儿不如意的小事情，就心情烦闷，也不必因为人家的一句赞美，就高兴半天。这就是‘操之在我’。”

老和尚说：“你只说对了一部分。人生的前途、得失、苦乐都掌握在自己的手中，不由他人。这就是‘操之在我’道理。”

淡然心语：

有的人生活中遇到不如意的事情就怨天尤人，开始怀疑生活，抱怨命运的不公。命运是靠自己掌握的，自己要做自己命运的主人。任何人都不能左右我们的命运。别人能够给我们的也只能是外界的一些帮助，最终还是要自己站起来。

第七章
识破幻相，把握万物本质

佛曰："有心无相，相由心生；有相无心，相由心灭。"相是一副皮囊，也是给人的外在形象；心是一种境界，也是操控情绪的源泉。要想自己成为什么样子，一切的取舍都在于自己。相由心生，命由己造。尽人事，知天命，则无所不适，无处不安。

1. 外表只是瞬息的幻相

不可只依据逻辑、推论、或事物的外表来决断事理。

从前有一个非常漂亮的大观园，那里的景色怡人，经常有人前来游玩。

一天，一对男女正在园里烧香拜佛。那个男子家境殷实，是个大臣的儿子，那个女子长得很美丽，这对男女都被彼此所吸引，于是偷偷地互看对方。

突然，这个女子仰翻在地上，四肢僵硬。男子感到非常惊讶，就过去推了她一下，可是女子却一动也不动了。男子不知所措地看着躺在地上的女子，只见她的脸色发黑，七窍都开始流出脓血来，伴随一股恶臭。男子这才明白女子已经死了，而且在炎热的阳光下已经开始腐烂。转眼间，美丽的女子变成一具腐烂的女尸。

这个男子怎么也想不出女子的死因，并且一想到死尸的样子心里就感到一阵惊恐，于是准备拔腿跑掉。

就在他刚站起来要跑的时候，却听到身边的树木说起话来："这女子死得好可怜啊，那么漂亮的脸蛋，那么苗条的身材，却不明不白地被抛在这里。"

又有一棵树说："这位先生，难道你只贪图她生前的美丽，不管她的死活吗？"

男子停住脚步。他想树怎么能说话呢？不过听了树的话，他也感到很惭愧，于是便脱下外套，将尸体盖住，并搬到树林中好生埋葬了起来。

接着他便向园外走去，刚走了几步，忽然看见半空中亮起万丈佛光，照亮了整个天空。佛光中佛陀威仪万方，神采奕奕。

他感到很不可思议，他看到佛陀站在他面前，说道："小伙子，恭喜你，没想到你年纪轻轻就能看到佛陀的法相，一定是做了什么善事吧？"

男子听了这话，连忙对佛陀说："天神，您救苦救难。我正在为一件事发愁呢，请您给我指条光明大道吧。"佛陀对男子说："小伙子，不必发愁，有什么事到我的住处去说吧。"

于是他们一起来到佛陀居住的精舍。佛陀变出一朵花来，交给男子说："把这花放在佛陀的身上，有什么话尽管对佛陀说。"

男子照着佛陀的指点，将花放在佛陀的足上，退后叩首说："佛陀啊，我请示您一个问题，今天我到大观园去拜佛的时候遇见一个美丽的女子，后来她竟然莫名其妙地死去了，还七窍流血，皮腐肉烂，我简直被吓坏了。您说我该怎么办好呢？"

佛陀刚要开口说话，只见两名女子从外面走了进来。男子看到后大吃一惊，原来其中一个女子正是他早上拜佛的时候遇到的那个，两个女子拜完佛后走了出去。男子转头一看，佛陀和女子不见了，面前却站着文殊师利菩萨。

文殊师利菩萨问："你认识刚才那对姐妹吗？"

男子回答说："认识其中一个。"

文殊师利菩萨又问："你从今天的事情中知道了些什么？"

男子心中顿时就觉悟了。他马上回答道："美丽不过就像泡沫一样，早晚都会消失。我如果沉迷于她的外表，那么就连与她之间的快乐都是瞬息的幻想。"

文殊师利菩萨满意地笑了，随后便消失不见了。这时男子才明白，这些都是文殊师利菩萨为了点化他而示意的。

后来这个男子虚心向佛，最后终于修道成佛。

淡然心语：

很多时候美丽的表象常常能迷惑人，所以在看事物的时候，一定不要仅仅从表象出发，而是要看清楚事物的本质，这样才不容易做错事，进而才能慧心明智。

2. 太注重外在形式只能适得其反

若以色见我，以音声求我，是人行邪道，不能见如来。

——《金刚经》

有一个佛教徒喜欢到寺院礼拜菩萨。他看到菩萨的法相庄严，心想：“如果我也能有这样一尊菩萨该有多好呀，这样我就可以天天顶礼膜拜。”

有一次，他出去办事，路过一家文物店，看到里面摆着好多佛像案桌，而且这些佛像案桌，个个手工精致，刀法细腻，每一尊佛像都雕刻得栩栩如生。浏览间，他眼前突然一亮，有一尊骑在鳌龙上的白瓷观音，白衣飘飘，迎风婆娑而降，左手拿着净瓶，右手拿着杨柳枝。菩萨慈眉善目，仿佛俯瞰着滚滚红尘中被痛苦煎熬的众生。这位信徒非常喜爱这尊菩萨，于是用高价把菩萨像请回家。他想：如此庄严的观音菩萨，应该请方丈师父为我开光。于是，他虔诚地把佛像请到寺院，请方丈为菩萨开光。

开光完毕后，这个人决定把菩萨像放在大雄宝殿内礼拜几天，沾点香火气息。于是，他每天准备丰盛的素菜、沉香、水果、鲜花，去供养他的观世音菩萨。但是，案桌前往往已经摆满了其他信徒供养的东西，挡住了他的菩萨的视线。他想：“这些人岂有此理，怎么把供品堆积如山丘，让我的菩萨看不到我供养的东西。”

于是，他就趁着香灯师父不在殿内，动手把案桌中间的糕饼、菜肴等供品，搬到旁边的角落，然后把自己祭拜的东西往中间一摆，自鸣得意地说：“这样菩萨就能看到我的诚意了，能够接收到我虔诚地供养了。”

这件事虽然让他得意了几天，可是，过了几天后，他又发现了让他生气的事情，原来，他买的那些沉香是上等的，所以燃起后，顿时让人感到神清气爽，但是风一吹来，袅袅的轻烟就在大殿内四处飘荡，所以从观音菩萨像前飘到了其他佛像前。

这位信徒一看，着急极了：“这怎么得了！我上好的沉香都被其他信徒所供奉的菩萨像吸光了，我的观音菩萨一点儿也嗅不到我特地为他准备的香火。菩萨怎么会有灵光呢？我要想个好办法，不能让其他信徒占了便宜。”

他想来想去，终于想出了一个好办法，他找到一根透明的吸管，一头接到香头上，一头接到观音的鼻子上，并且开心地说道：“如此一来，别的菩萨也分不到我的香火了，我的菩萨就可以专门享用我为她上的香火了。”

虽然观音菩萨可以独享这位信徒的香火了，但是本来白白的一尊佛像，却被熏成了黑乎乎的样子。

淡然心语：

《金刚经》上说：“若以色见我，以音声求我，是人行邪道，不能见如来。”烧香拜佛虽然有不可忽略的礼仪规则，但更重要的是心灵虔诚，而非外在形式。如果一味地注重外在形式，便不能与真理契合。日常生活中也一样，在为人处世的过程中，不要光注重表面，本质的东西才是最真实最重要的。

3. 做事情不必拘泥于表面

做任何事最重要的是用行动实践，而不必拘泥于表面的形式。

丹霞禅师年轻时饱读四书五经，曾想去京城参加科举考试，博取功名。但是，走到途中，遇到一个禅者点化他："选官何如选佛？"意思是做官怎么能比得上做佛呢？丹霞当下便决定抛弃仕途，学佛修道，其后终于成为一代大智大勇的大师。

一次，一个女尼慕名前来向丹霞禅师问道。当她问到如何才是道的真谛时，丹霞禅师不但一语不发，而且还用手在女尼屁股上轻轻指了一下。

女尼没想到自己尊敬的禅师还会有此举动，脸腾地红了，又惊又怒地骂："原来你心里还有那个！"

"不是我有，是你有！"丹霞平静地回答："道不远人，人自远道。"一个小和尚碰巧看到这一幕，就对其他和尚说："真没想到，咱们师父居然调戏前来求道的小尼姑！"

有人相信，有人不相信。有位牛老和尚听到就立刻训斥他道："马贵四条腿，人贱一张嘴。你这个小和尚懂什么，一边站着去！"

在上晚课的时候，有人把这件事告诉了丹霞禅师。人们都以为他会教训那位乱说的小和尚，谁知道丹霞禅师见到小和尚就跪拜，而且连声喊道："我佛慈悲，我佛慈悲！"

小和尚以为丹霞疯了，哪有以上拜下的道理，连忙大叫："师父，你认错人了，我可不是佛祖啊！"

丹霞禅师说道："我没认错人啊，我拜的就是佛祖。是佛祖肉眼凡胎，不仅认错别人，也认错自己了。"

小和尚猛然醒悟了。原来师父这样做是在苦口婆心启发自己开悟啊！以后他再也不能用肉眼去看待事情了。

生活需要规范，但又不可以把自己变成规范的奴隶；因为死守着规范，就不能解决新的问题，有时候，为了达到某种目的，可以采取违反常规的方法，重要的是先改变自己看待事物的标准。

一个衣衫褴褛的人来到荣西禅师面前，向他哭诉："我家已经好几天揭不开锅了，一家人眼看就要饿死了，师父慈悲，救救我们吧，我们一家人将感激不尽，永远记着师父的恩德……"

荣西禅师面露难色，虽然他想救这家人，可是连年大旱，寺里也是吃了上顿没下顿，让他如何救这家可怜的穷苦人呢？荣西禅师一时束手无策。

突然，他看到身边的佛像，佛像身上是镀金的，于是他就毫不犹豫地攀到了佛像上，用刀将佛像上的金子刮了下来，用布包好，然后交给穷汉，说道："这些金子，你拿去卖掉，换些食物，救你的家人吧！"

那个穷人看到禅师这样，于心不忍地说道："我这是罪过呀，逼得禅师为难！"

禅师的弟子也忍不住地说："佛祖身上的金子就是佛祖的衣服，师父怎可拿去送人！这不是冒犯佛祖吗？不是对佛祖的大不敬吗？"

荣西禅师义正词严地回答："不错，佛像上的金子便是佛祖的衣服，可是我佛慈悲，他愿意用自己身上的肉来布施众生，又何至于怜惜这一身衣服呢？普度众生，才是我佛的心愿啊！这家人眼看就要饿死了，即便把整个佛身都给了他，佛祖亦不会怪罪的。如果我这样做要入地狱的话，只要能救众生，我也在所不辞。"

淡然心语：

生活需要规范，但不要死守着规范。有时候，为了达到某种目的，可以采取违反常规的方法，重要的是先改变自己看待事物的标准。

4. 驾驭心念，方能洞彻生命的真意

应付困难最有效的方法，就是驾驭心念，解决问题，这也是最容易、无害的方法，不但不威胁任何人的安宁，且能获得心灵真正的安详。

——堪忍尊者

马祖在般若寺怀让禅师的座前修行，开始的时候，他整天盘腿而坐，静心冥思苦想，希望自己能够早日修得正果。

怀让禅师看到马祖这样坐在自己的前面，觉得奇怪，于是就问道："你在这里做什么呢？"

看到师父向自己问话，马祖马上站了起来，并回答道："我在坐禅，希望我能早日修得正果。"

怀让禅师听后，弯腰从地上拾起一块砖头，走到台阶边，俯下身便在石头上一下一下地磨了起来，神情严肃而专注。

跟在后面的马祖非常疑惑，便问禅师："你这是要做什么呀？"

怀让禅师头也不回，答道："难道你看不见我在磨砖吗？"

马祖又问："你磨砖干什么用呢？"

怀让禅师说："我想把它磨成一面镜子。"

马祖说："可是砖磨得再平，也照不出人影，又怎么做镜子用呢？"

于是怀让禅师就停了下来，反问马祖说："如果砖不能磨成镜子，只是静坐又怎么能够成佛呢？"

马祖明白了师父这是在点化自己，惭愧地问道："弟子愚笨，还请师父指点，我应该怎样才能早日开悟呢？"

怀让禅师并没有正面回答他，说道："比方一个人在赶车，可是那个车子就是不动，马儿在那里低着头吃草，于是他就拿起鞭子狠命地抽打马车，车子还是不动。你说是应该打车，还是应该打马儿呢？"

马祖终于醒悟："弟子明白了！坐禅只是成佛的一种方法，若想真正地成佛，只是坐禅是没有用的，而应从心里面感悟。"

心念是修行的关键，一个人的成功或失败就在于一念心。若能好好照顾自己的心，保持平常心，就会处在宁静之境。照顾心念，保持平常心的方法，就是要培养大爱和善念。

要用何种方法使内心时时欢喜，没有烦恼、障碍呢？端视自己是否能多用心，时时培养心中的善念，并好好照顾这份心念。

淡然心语：

生活如禅，需要用心去感悟。只有心灵到达了彼岸，才能洞彻生命的真意。修行重在修心，外在的形式并不重要，即使外在修饰得再好，如果没有心灵的悸动，仍然无法体会生活的意义。

5. 我即佛祖

不要轻视自己的力量。一滴水滴到水缸中，整缸水就是我们的；因为你的那滴水已和缸中水结合在一起，分不出是你的或不是你的。

——证严法师

南阳慧忠禅师身边有个跟随了他三十多年的侍者，一直任劳任怨，忠心耿耿，所以慧忠禅师想对他加以点化，以感谢他平日对自己的照顾。

一天，慧忠禅师像往常一样喊道："侍者！"

正在煮茶的侍者听到禅师的招呼，以为慧忠禅师有什么事要他帮忙，于是立刻跑来问道："禅师，有什么事要我做吗？"

慧忠禅师说："也没有什么事。"

侍者以为自己听错了，就又回去煮茶。

过了一会儿，禅师又喊："侍者！"

侍者又跑来问是什么事。

慧忠禅师还是说："没什么事要你做！"

这样反复了几次以后，禅师喊道："佛祖！佛祖！"

侍者听到慧忠禅师这样喊，感到非常不解，走过来问道："禅师，您这是在叫谁呀？"

禅师双目盯着他，启示他道："我叫的就是你呀！"

侍者迷惑地问道："禅师，您在抬举我吗？我哪里是佛祖？我是你的侍者呀！你糊涂了吗？"

慧忠禅师看到他如此不可教化，便说道："我并不是在抬举你，只不过你太让我失望了！"

侍者感到不安，以为自己有什么事情做得不好，便说道："禅师，不管到什么时候，我永远是你最忠实的侍者，任何时候都不会改变！"

慧忠禅师的目光暗了下去，说道："虽然你并未辜负我，但你却辜负了你自己，我的良苦用心你完全不明白。你只承认自己是侍者，而不承认自己是佛祖，佛祖与众生哪里有什么区别？众生之所以为众生，就是因为众生不承认自己是佛祖。实在是太遗憾了！”

淡然心语：

关心他人并没有错，但不要忘记了自己的存在，世界上的每个生命都是独立的个体，如果只是作为别人的附庸而存在，活着还有什么意义可言？所以在关注别人的同时，更要自我实现，明白自身存在的价值。

6. 了解自己的本心才能彻悟

若遇善友，教令开悟净圆觉性，发明起灭，即知此生性自劳虑。若复有人，劳虑永断，得法界净，即彼净解，为自障碍，故于圆觉而不自在，此名凡夫随顺觉性。

——《圆觉经》

有一次，崛多禅师游历到太原定襄县历村，看见神秀大师的弟子结草为庵，独自坐禅。

崛多禅师问他："你在干什么呢？"

僧人回答："探寻清净。"

崛多禅师又问："你是什么人？清净又为何物呢？"

僧人起立礼拜，问："这话是什么意思？请你指点。"

禅师问："何不探寻自己的内心？何不让自己的内心清净？否则，让谁来给你清净呢？"

僧人听后，顿时大悟。

按佛祖的说法，人的自性本来清净，不染一尘。如果已经蒙尘，向外求清净，哪求得到？只能悟出自性清净，才能得到清净。

南怀瑾大师说："有些修行功夫的人到达了清净的境界，没有杂念妄想，但是，见解不透彻，认为清净才是道，认为不清净、不空则不是佛法，于是，自己把自己给障碍住了，"故于圆觉而不自在"，对于不垢不净的圆觉自性没有认识清楚，执着于空，执着于清净，不能自在，不能算是大彻大悟。"

唐代龟山智真禅师有诗曰："心本绝尘何用洗，身中无病岂求医。欲知是佛非身处，明镜高悬未照时。"如果本心清净，就不用去求清净，就像没有病的人不用去求医一样。如果刻意求清净，一定是因为心里不清净了。

有一天，禅宗四祖道信与五祖弘忍渡过滚滚长江，到庐山云游。随后，他们乘坐轻舟，顺江而下，来到一处，他们弃舟登岸，来到了五色祥云笼罩的牛头山。这里有一座幽栖寺，比较有名。他们问寺里的僧人：“这里可有道人？”

一个僧人不高兴地说：“出家人，哪个不是道人？”

四祖道信一笑说：“请问哪个是道人？”

道信的话里充满了禅机，是啊，剃个光头不等于心清净了，心不清净，何称“道人”？那位僧人心里发虚，不敢答腔了。

一位老僧悟性较高，想了想，说：“从这里向深山更深处走十里，有一个名叫法融的僧人独自住在那里。他每天只是坐禅，见了人从不理睬，所以大家都叫他‘懒融’。据说他打坐时，有白猿献果、百鸟衔花的神异，他莫非是道人？”

道信师徒翻山越岭，来到法融修道的地方。法融对他俩视而不见，端坐如故。四祖不动声色地说：“观是何人，心为何物？”

过去禅师之间常互参话头，也就是考较对方领悟佛法的境界。道信提出话头，法融无法应对，知道遇到高人了，便乖乖地站起来。

道信又问：“除了这里，还有更清净的地方吗？”

法融一愣，这里空山无人，没有任何俗事缠身，已经十分清净，哪里还有更清净的地方呢？其实道信的意思是，你固执地守在清净，为了所谓清净忙得不亦乐乎，内心已经很不清净。可惜法融听不懂，错过了一次开悟的机会。法融将道信师徒引到他认为更清静的地方——他安歇的草庵。由于他平日与虎狼为伴，所以他的草庵前猛兽乱窜，很是吓人。道信故作惊恐，举起了双手。法融疑惑地问：“你还有这个在？”

道信反问：“你看到了什么？”意思是你不要被表面现象所迷惑。

法融仍没听懂，他拿起一只瓦钵，去给道信师徒盛泉水来喝。道信趁机在法融经常打坐的石凳上写了一个“佛”字。法融端水回来，刚想落座，忽然发现自己差点坐在“佛”上，悚然一惊，跳起身来。

道信笑问：“你还有这个在吗？”

法融不禁打了个寒战，终于感受到了禅的机锋，跪倒在道信跟前，请示禅的真要。道信说：“千百万法门，同归于方寸之间；无数美妙的德行，也都源于心灵。佛法所说的戒、定、慧，以及神通妙用，你都自然具备，这一切都不离你的心。心即是佛，佛即是心，无二无别。”

法融还是有些疑惑：“如果此心作观想修行的功夫，因外境干扰而生起烦恼时，如何对治它呢？”

四祖说：“外境本来就没有好恶、美丑、静闹等等分别，所有的差异都是因自心而生。我们以自己的好恶为标准，外境才会出现差别。比如，我们认为污泥很脏，美丽的莲花只有在污泥中才能生长；你若好心好意将泥鳅放在清水里，它只会死亡。我心若不起波澜，烦恼又从何而生呢，心灵平静如镜，便能平等观照外界一切，你就遍知无遗了。尽管天上风云变幻，你只要随心自在，无须对治，自会风消云散。”

法融终于大彻大悟了。他一改往日“懒”的习惯，开门授徒，讲经说法，整天忙得不亦乐乎。唐高宗永徽年间，山中缺粮，已经年老的他，每天早出晚归，到40里外的丹阳化缘，背米一石八斗，供养寺里300多名僧众修行。因此，牛头山成了吴越之间规模最大的禅修道场，牛头宗也成了禅宗一个重要的分支。

禅宗五祖弘忍曾告诉六祖慧能说：“不识本心，学法无益。”如果不知道种种杂念、妄想、烦思的要源本自内心，想去外界去寻找清净，无论学到多少修行的方法，都是没有用的。

一位高僧曾说：“随流性转，只是凡夫。”这句话跟佛祖的“凡夫随顺觉性”含意相近。凡夫不了解本心，不清楚自性，也不肯诚实地对待自己，总是在追求别人认为好的东西。

淡然心语：

禅宗五祖弘忍曾告诉六祖慧能说：“不识本心，学法无益。”学佛不等于学懒，能够在闹市里修行，才上得了境界，能够在红尘中一尘不染，才是真正一心清净。

7. 除却虚伪的矫饰，见得本性

人生在世，必须把覆盖在真我之上的虚伪面具撕下来，才能活得轻松自在。

从前，有一位居士，一次，他去拜访一位久未见面的禅师。两个人相谈甚欢，不知不觉已近中午，禅师便留居士用餐。侍者为他们做了两碗面条，两碗面却是一碗大一碗小。

禅师看了一下面条，便对居士说："你吃大碗的。"按常理居士是要谦让一下的，但是没想到居士看也没看禅师一眼，径自低头吃起来。禅师心里感到有些不悦。

居士吃得津津有味。等他吃完，发现禅师的碗筷丝毫未动，于是笑问道："你为何不吃？"禅师叹了一口气，没有说话。

居士又笑着说："你生我的气了吧，你是嫌我不懂礼仪，只顾自己狼吞虎咽。"禅师没有答话，又叹了一口气。

居士于是问道："我们推来让去，目的是什么呢？"

"让对方吃大碗。"禅师终于答话了。

"既然让对方吃大碗是最终目的，如果我们推来让去，何时才能将面条吃下肚去？我将大碗面条吃了下去，您感到不悦，难道您不是真心的谦让？既然谁吃都是吃，推来让去又有什么意义呢？"

禅师听了居士的话，心中顿悟。

在现实生活中，有多少人活在真实的世界里呢？在这个形形色色的世界里，许多人都是虚伪地戴着面具生活。人际交往中礼节不可少，但过度的谦让反而让人觉得虚伪做作，坦率真诚才是为人处世的根本。

人必须把虚伪的面具撕下来，才能活得轻松自在。人人都有真实、永恒的自我。只要能发掘出真实的自己，人生就会出现新的境界。

思想家卢梭说："你要宣扬你的一切，不必用你的言语，要用你的本来面目。”一个真诚的人，在日常生活中必定是认真、正直和坦率的。

有一次，仙崖和尚经过一个关口时，关口的守卫坚决不让他进入，因为此处规定不许女尼入关。守卫看他长得眉清目秀，误以为是女尼，仙崖便坦然地解开衣服，大声喝道：“是男是女，看看本物便知。”守卫一看目瞪口呆，仙崖和尚大笑着走入关内。

做人就要去掉一切虚伪的矫饰，保持纯真质朴的本来面目。生活中的许多关口和障碍都是心有挂碍而产生的，很多人都是在“作茧自缚”。如果能以纯真质朴的态度来处理，一切障碍也就不存在了。人生在世就是要净化自己，发掘生命的真实。

佛告诉世人：只有真实智慧的显现，你才能照见五蕴皆空，你才能突破重重障碍，见到真我本性，才能悟透宇宙和生命的真相。

淡然心语：

佛告诉世人：只有真实智慧的显现，你才能照见五蕴皆空，你才能突破重重障碍，见到真我本性，才能悟透宇宙和生命的真相。人生在世，必须把覆盖在真我之上的虚伪面具撕下来，才能活得轻松自在。

8. 有心才能感悟

锻炼心智的形式有三种：第一种是高尚道德的训练，第二种是高超思考方法的训练，第三种是高等领悟力的训练。

在一座大山上有两个寺院，每天早上，两个寺院分别派一个小和尚到山下的市场买菜。因为他们两个总在同一个时间出去，所以总能碰面。

有一天，两个小和尚在路上相遇了。

此小和尚问彼小和尚：“你要去哪里？”

对方回答说：“风带我去哪里，我就去哪里。”

本来是随口一问，没想到对方会与自己打机锋，小和尚被这番话吓住，一时哑口无言。

问话的小和尚想：我只不过是问他一个简单的问题，他大可简单回答我就好了。但是他那样回答，我又该怎么回答他呢?

于是，小和尚回去后向师父请教：“今天我与另一个寺院的小和尚交谈，我问他‘你要去哪里’，他说‘风带我去哪里，我就去哪里’。师父，我当如何回答他？”

师父微微一笑，道：“明天你再碰到他，就问他：‘当风不吹的时候，你要去哪里？你能去哪里？’”

小和尚将答案默记在心。

次日，小和尚再去买菜，又碰见上次那个小和尚，心里暗自期盼着有扳回的机会。

于是他问道：“你今天要去哪里？”

但是对方却说：“我的双腿想走去哪里，我就去哪里。”

小和尚一听，对方没有提到风，这下该如何是好？他准备了半天的那套回答看起来很荒谬，现在再去讲风一点也没有意思。

于是，他又垂头丧气地走回去。

小和尚再去向师父请教，师父说："明天他再这样说，你就问他：'要是你没有腿，那你怎么办？'"

第二天，小和尚又一次遇见对方，便问他："你要去哪里？"

没想到这次对方说："我去买菜。"

小和尚又没有话了，回到寺院后他垂头丧气地向师父禀告，师父感叹道："有心才能有'悟'啊！"

淡然心语：

只有用心领悟，才能融会贯通，否则禅还是禅，人还是人。无论做什么，都要懂得灵活运用，切不可教条主义。唯有如此，才能将知识变成可用的智慧，否则就是一种不切实际的空谈。

9. 撕下面具，方能自由过活

禅者认为，人必须经过净化，把虚荣心、过多的欲望、成见、偏见等放下来，这样才可能自由地过现实的生活。

——郑石岩

惠心禅师还是个小沙弥的时候，由于聪明伶俐，得到皇帝的召见，得到不少赏赐，他就将皇上的赏赐送给故乡的母亲，以表孝恩。

但母亲回给他一封信，表示不同的看法，母亲说："你送给我的东西，是皇上的赏赐，我当然十分喜欢。但我当初送你学道为僧，是希望你做一个有修有证的禅人，并不希望你一生都在名利场中生活。如果只好世间上的虚荣，这是违背我的心愿的，希望你收到母亲这封信的时候，要记住什么叫作'真才实学'。"

惠心沙弥收到这封信后，从此立志要做一个真正弘法度众的宗教家，效法《华严经》中的指示，"但愿众生得离苦，不为自己求安乐"，而不再汲汲名利上的追求。

古时候有个书生，家里虽然很穷，却很爱面子。一天晚上，有一个小偷来到他家中，搜寻之后，没有发现值得一偷的东西，便跺脚叹道："真是晦气，这次我算碰到了一个真正的穷鬼！"这话让书生听见了，于是赶紧从床头摸出仅有的几文钱，拿给小偷，并且还对小偷说："您来得不巧，请您就把这点钱带上。希望你不要跟别人说，给我留点面子啊！"

这个书生就是一个爱慕虚荣的人，其实这样的人在生活中很多，这些都是自己的虚荣心在作怪。不论处在人生的哪个阶段，无论处于什么样的境地，都要警惕自己的虚荣心。

面子是表面的，没什么实际内容，要面子是虚荣心的表现。在面对面子问题上，一定要懂得取舍，面子既不能不要，也不能死要面子，让自己活受罪。否则，自认为要了面子，而实际上往往是丢了面子，丢了面子还算小事，问题是让自己白白吃了哑巴亏就太不值得了。

与其装出一副自己都对、洋洋得意的样子，倒不如做错事情的时候勇敢承认，还比较明智一些。

俗话说，大丈夫能屈能伸。如果大丈夫为一点小事也要争面手，那就不是大丈夫所为。

世上人无完人，做对事情的时候，给自己鼓励一下，不过当作错事情的时候，也要勇于承认。不要为了虚荣心和面子而铸成大错。

人们常说“人为一口气，佛为一炷香”。有些人特别爱面子，有一句话叫“打肿脸充胖子”，说的就是死爱面子的人，面子不能不要，但也不要太过于讲求面子。

淡然心语：

有些人为了满足虚荣心，不惜一切代价要个面子。其不知这是给自己带上假面具，套上枷锁，活得极不真实，也很累。面子固然重要，但不必为了没意义的面子让自己受苦遭罪，顺其自然最可贵。

10．不解本心地模仿，一如东施效颦

如果一个人放弃了自己的本分，忽略了自己的角色，而去痴心、妄想、羡慕或嫉妒别人，所得到的除了烦恼和人生的负值之外，只有迷失了。

——耕云先生

在佛教的《百喻经》中，有这样一个故事：

在印度有一位富有、但是缺乏智慧的农庄主人，一日进城去拜访多年不见的挚友。他的朋友在皇宫里当侍卫，因为违逆了国王的心意，受到笞打的处罚，背部被皮鞭抽打得皮开肉绽、鲜血淋漓。

农庄主人到达朋友家里的时候，正好碰到朋友叫家人拿马粪贴在背部，治疗血肉模糊的伤口，他一脸纳闷地问道："你的背部被马鞭打得稀烂，为什么还在伤口上面涂一层厚厚的马粪呢？"

"因为热气腾腾的马粪可以消毒，使伤口很容易愈合，虽说马粪臭气熏人，但也不得已啊。"

农庄主人高兴极了，自以为得到秘密的智慧宝藏，欢欣愉悦地回到了家里，把家里的仆从都集合到大厅，神情诡异，故作神秘地对大家说：

"我今天进城去探望朋友，想不到无意间却得到旷世的宝贝秘诀，真是太稀奇了！"

"主人！你是不是得到宝藏地图啦？"

"主人！你不是找到地下皇宫的通道了吧？"

仆人们七嘴八舌地胡乱猜测，发挥各自的想象力。农庄主人不耐烦地挥挥手说：

"都不是，你们不要乱猜，现在去拿一条皮鞭过来，我马上把宝贝告诉你们。"

仆人依言拿来一条又粗又长的皮鞭，主人把上衣脱掉，裸露出的细皮嫩肉

的背，指着一脸迷惑的年轻仆人说：

“你用皮鞭抽打在我的背部，愈用力愈好，最好能打得皮开肉绽、体无完肤，我会重重有赏。”

仆人一听，惊愕不已，踌躇不敢下手，生怕冒犯了农庄主人。主人一看仆人迟迟不动手，盛怒大骂：“好个不知好歹的东西，胆敢不听我的使唤，你给我好好地毒打背脊。”

惊弓之鸟的仆人，抓起皮鞭，死命打在主人的背上，雪白的背脊顿时现出一条一条烧炙般的鞭痕，殷红的血汩汩地流出，吓得一室的仆人一脸惨白，但是主人却洋洋得意，忍着剧烈的痛苦说：

“去马厩拿些马粪来，把它涂抹在我的背上。”

仆人不得已，只好抓起一把刺鼻的马粪，小心翼翼地贴在主人的背上，主人睥睨着面面相觑的大家，骄傲地炫耀说：“你们大家看！这马粪乃是天下第一神奇的灵药，涂了它，我背上的溃烂就能痊愈。这是我今天得到的稀世秘方，现在毫无保留地把它传授给你们，你们以后也可以如法炮制。”

淡然心语：

刻意模仿就会失去事物的本来面目，使原有的自我变得面目全非。依样画葫芦，有时模仿不当，就会变成东施效颦后果。如果因此而失去本来的自我，就纯粹成了跟自己过不去。

11. 不要违背事物的本性

> 我不但教导外在的行为，而且更注重内在的意念和思想。我不但教导弟子身体不可表现坏的行动，不可思考或谈论不良善和不健全的事物。同时我也教导弟子表现良好的行为、思考和谈论健全的事物。

有一座千年古寺，寺庙里有一尊很灵验的观音菩萨，所以这座寺庙的香火很旺。每天有很多很多虔诚的信徒在观音菩萨面前朝拜许愿。

在寺庙里还有一位看门的人。他看到有很多的人在观音菩萨面前许了很多的心愿，于是就好奇地问菩萨："观音菩萨，每天听这么多人的唠叨，你坐在上面有什么感受呢？"

观音说："我的工作就是这样的啊，就是听他们唠叨，听他们许愿。"

看门人看着观音菩萨每天应付那么多的人，觉得观音菩萨太辛苦了，于是就自告奋勇地对观音菩萨说："我无法想象您坐在上面是什么样的感觉，我能否坐在上面感受一番呢？或许也能替您分担一下辛苦。"

观音想了想说："可以啊，这个很容易的，但是你必须答应我一个条件，当你在上面时，不管看到什么或听到什么，你必须一句话都不能讲。"

看门人爽快地答道："这个条件很简单，我一定能够做到的。"接着观音就抽出杨柳枝，对着看门人点了三下。于是看门人变成了观音，观音变成了看门人。观音与看门人调换了位置。

看门人每天就像观音菩萨一样坐在莲台上重复着观音菩萨所做的事情，每天来求观音的人要求五花八门各不相同，听着许多人的许愿和唠叨，看门人虽然惊奇万分，心里憋得慌，但他仍然信守自己的诺言，一句话也不讲。

有一天清晨，来了一个很有钱的富翁。他来到观音面前许愿："希望能赚更多钱，能够娶更多的美女做老婆。"当他磕完头转身走的时候，他随身携带的钱包不小心掉在了蒲团旁边。看门人看见了忍不住想提醒他，但一想到他的诺言就闭上了嘴。

第二个来许愿的人是个很穷的穷人。他希望观音菩萨能够让他有钱给孩子看病，能够买足够的粮食回家填饱一家人的肚子。当他许完愿望后突然发现了蒲团旁边的那个钱包。他打开一看，里面装满了钱。这个穷人万分感谢观音菩萨显灵让他心想事成，于是高高兴兴地拿着钱包离开了寺庙。

跟着进来了第三个人。他是个年轻的小伙子，正要外出远行谋生。所以他来到观音面前许愿说："我要坐船远行到外面去工作了，希望观音菩萨保佑我平平安安，一切顺利，并能赚很多钱回来。"

这个小伙子许完愿正准备动身离开的时候，那个富翁急匆匆的回来了，原来有钱的富翁发现自己的钱包丢失了，所以转回来了。他一把抓住小伙子的衣领说："我钱包丢在这里，一定是你拣到了，你赶快给我拿出来。"

小伙子说："我刚刚来到这里许愿，根本就没有看见你的钱包，更别说拣到了。"

富翁说："现在大清早的，寺庙里根本就一个人都没有，除了你还会有谁能拣到我的钱包呢？你要是不把钱包还给我，我就不让你走。"

小伙子着急的掏出船票说："你看我马上就要坐船了。我真的没有拣到你的钱包。我坐的船马上就要起航了，你再不让我走的话，我就赶不上那个航船了，这样就会延误我找工作的。"

两人就这样你一句我一句的争执起来。

坐在上面的看门人实在忍不住了，就说："你的钱包的的确确是掉在了这里，但这个钱包不是小伙子拣去了，是另外一个穷人。他刚走不久，他出门后往右边方向去了，你现在去找他就可以找回你的钱包。"

富翁听了这些话，赶紧放开了小伙子，依照看门人所说的，去找那个穷人要钱包，而小伙子也顺利地去坐他的船远行了。

这个时候观音菩萨开始说话了。菩萨对看门人说："你没有遵守你对我的承诺，现在你已经闯下大祸，你现在已经没有资格坐在上面了，赶紧下来吧。"

看门人说："我是违背了自己的诺言，但是我说出的是一件事情的真相，最后他们各得其所，难道我这样做错了吗？"

观音菩萨说："富翁丢掉了钱包对他来说根本就是九牛一毛，不值一提。对于穷人来说，这笔钱却可以为他的孩子治病，能让家里人吃饱穿暖，可以救一家人。这些都不是最要紧的，最严重的就是那个年轻小伙子。如果那个富人一直跟他纠缠下去，就会延误了他出海的时间，这样就能保住他的一条性命，而现在，他乘坐的那条船正在沉没……”

淡然心语：

有时候，很多人出于好心去帮助别人，但极有可能因为站在自己的立场去判断是非曲直，结果往往容易把事情搞砸。因为他们不知道别人到底需要的是什么。任何事情都是有两面性的，在我们认为是对的时候，也许对别人来说并非是一件好事。

第八章
以慈悲度化世人，甘为众生牛马

人生即修行，是境界不断升华的过程。修行既是修心，佛说，平常心既是道。以出世之心做入世之事，才能真正获得自由和幸福。只要有一颗渴望真、善、美的心，懂得爱与感恩，便是与佛有缘。行善是一种爱心的表现，同时在禅学上来说，也是为自己培植福报的基础。只要能牢牢地坚持“诸恶莫做，众善奉行”，必定能获得他人的青睐，享受到生活的快乐和幸福。

1. 先为众生牛马，方成诸佛龙象

不做任何坏事，培养所有的善行，清净自己的心念，这是佛陀的教诲。

从前，有一个叫多福的人，家财万贯，没有人知道他到底有多少钱。后来，多福信奉了佛教。

他想："世事无常，世上的一切都是变化不定的，世界上任何东西都不是永远属于自己的，说不定什么时候就没了；只有多做善事、多积点功德才是真正有意义的事。"

他叫自己的仆人贴出告示说："没钱吃饭、穿衣的，请到我家来取，我会尽量满足大家的需求。"

可是告示贴出去后，没有人前来，由于当时国家安定，百姓生活富足，谁也不需要他的钱。

多福心想："看来大家并不需要钱，不过人总是免不了会生病的，还是用钱给百姓买药治病吧。"于是多福便四处采购，买来各种名贵药材，每天在集市上免费提供给那些生病的人们。

多福的善心得到大家一致的赞许。没过多久，他的名声便传遍远近四方。于是，东南西北各地的病人，都慕名前来接受治疗。

就这样日复一日，年复一年，多福为了给老百姓看病，用尽了全部的家产，但是他仍然不遗余力的四处为病人求医问药，最后为了给病人看病，他竟然欠下了很多的债务，过着窘迫的日子。

那个时候，时常有一些商人为了赚钱，结伴下海去捞海底珍宝，多福也想碰碰运气，于是就跟着一伙商人出海寻宝去了。

众人辛辛苦苦地努力了许久，得到了不少宝物，多福也找到了许多的宝物，他们于是兴高采烈地返乡。

一路上交通非常不便利，再加上天气炎热干燥，大家都口干舌燥，每个人经过长途跋涉疲劳至极，多福忽然发现路边有一口水井，就快步奔过去，开怀畅饮起来。

那些商人早已注意到，多福采集的海中宝物里，有一颗灿烂夺目的水晶球，是世上稀有的宝贝。他们心里又羡慕又嫉妒，总希望自己也能得到。于是这几个商人趁多福在井边弯腰喝水的时候，便齐拥上前，将多福推下了井。

由于多福以前做了那么多好事，他的善行感动了天神。天神就在这危险的时刻，在井底接住了他，使他安然无恙，没有受到任何的伤害。

那些商人们回国后，去见国王。国王发现多福不在，便问道："你们都回来了，那多福到哪儿去了？"

商人们装作什么都不知道的样子对国王说："陛下，自从离开国境之后，他就与我们大家分手了，我们也不知道他去了哪里。"

国王感到很怀疑，于是又问道："你们是不是把他害死了？"

商人们赶忙否认地说道："绝没有这样的事。"

多福被天神托住后，发现井壁上有个洞，正好能容他钻过去。他顺着洞走，不一会儿就见到亮光，从另一个洞口走出了水井。又经过几天的跋涉，多福终于回到自己的国家。

国王见到他，问道："商人们都满载而归，你怎么两手空空地回来了？"

多福含糊地说："我没有发现任何宝物，所以只得空手而归。"

国王看他说话的语气和神态感到很疑惑，心里沉思着："这其中必定有什么缘故。"他随即命人把那些商人都找了来，命令道："你们必须从实招来，你们都做了什么不可告人的事情，否则只有一死。"

商人们吓坏了，便老老实实地招了供。

国王听说他们在归途中谋害多福的事，十分生气，便下令把他们统统关进监牢，要将他们定为死罪。

多福听说后，心里焦虑万分，急忙赶到王宫，向国王叩头请罪，并恳求国王道："国王陛下，请无论如何原谅他们的愚昧无知吧。"

国王经多福再三请求，便答应了他，赦免了商人们的罪过，并让他们归还从多福那里夺走的宝物。商人们感激涕零，都把自己最好的宝物送给了多福，而多福却只取其中的一半。

商人们一看，又恳求道："都是因为您的善心，我们才保全了性命，您大人大量，请您一定要收下我们的心意。"多福只好收下那些宝物，将这些钱又施舍给老百姓。

邻国的人也听说了多福的事迹，都很佩服多福的崇高道德，对多福称赞不已。

佛经中还有这样一个故事：

有个富有的商人叫阿鸠留，他生长在山林之中，经营山产货物，从不曾见过大海。由于向往大海出产的珍宝，他决心要去大海里寻宝。

他和五百位伙伴向南海那一边慢慢前进。走了几天，粮食快吃光了，却没看见水源和草地的踪迹，牲口也没有力气再走了，于是阿鸠留派了几个人和自己分头去找寻水源。

找着找着，阿鸠留忽然看见一片树林，于是提起精神，快马加鞭向树林的方向骑去。快到树林边时，他看见一个壮硕的男子从树林深处走出来。阿鸠留非常高兴的问：

"您是这里的主人吗？求您救救我吧！我好几天没喝水和吃东西了。"

那人听了阿鸠留的话，便高举着右手，从指端流出泉水，味道甘美还有香气。阿鸠留赶紧大口大口地喝着，喝到满足了，水就不再继续流出，好像有机关似的，可以随意开启关闭。

男子把手放下后又再次举起，这次换美味的食物从五指指端涌现。阿鸠留拼命地吃着，吃饱后过了一会儿，突然大声哭了起来。

男子问："客人为了什么事而痛哭失声？"

阿鸠留回答："我自己的饥渴解决了，但我还有五百位伙伴和许多牲口，这三四天来他们没得吃、没得喝，就快支撑不住了，我想到这点就非常难过。"

男子说："那你快去将他们带来吧！我可以帮忙解除大家的饥渴。"

阿鸠留听了，赶快回原处将众人带来。男子见众人来了，便高举右手，从指端流出甘甜的泉水和美味的食物，供给众人与所有牲畜，一直到大家吃饱了才停止。

等到大家吃饱喝足后，男子好奇地问："你们要去什么地方呢？"

阿鸠留回答："我们要到大海搜寻珍宝。"

男子听了，笑一笑说："你们要什么样的宝物，可以随个人的心愿，从我手指中求取。"

说完便高举右手，从五指指端变出金银、琉璃、水晶、珊瑚、玛瑙、琥珀、贝壳、珍珠等各种宝物，众人都能随自己的心意领取，一直到所有人都心满意足才停止。

然后男子对大家说：“你们拿了这么多宝物，回到家乡后，记得一定要发自真心的布施贫穷，千万不能吝啬，吝啬的人终究会堕入困苦的，慷慨的人才可以享用无尽。”

阿鸠留听到这番话，合掌恭敬地问：“贤仁的先生啊！您究竟是什么人？怎么会有这样奇妙的神力呢？”

男子说：“我是薜荔王。前世我是一个非常贫穷的人，虽然贫穷，心地却常保持纯净，敬重佛教徒和一切有道德的人。我因为贫穷不能布施，看见其他人布施时，总是心生欢喜，在一旁赞美这样的善行。

当时迦叶佛涅圆寂了，所有佛教徒都出来劝募化缘，当他们来到我面前向我化缘时，我说自己一无所有，但是遥遥指着城中，告诉他们哪一家既慷慨又有善心，可以求得饭食。我看见他们乞求到斋食，也替他们欢喜。

后来，国王替迦叶佛建造七宝塔，我常常伸手放到搭上，发心祈愿，希望自己得到多种福分。国王进献物品入佛塔时，我也伸手发心祈愿自己能得到许多福报。

只恨我自己贫穷，手中没有任何物品，从来不曾进献斋食给修道的人，死后仅仅做了薜荔王，因为我前生见到人做善事便替他欢喜高兴，所以现世让我的手指指端可以随心放出一切宝物来。”

阿鸠留听了男子的话，感叹地说：“我以前不相信有前世今生，也不相信善有善报、恶有恶报。今天我亲眼看见这种事，从今以后我要多做善事，满足他人的心愿。”

后来阿鸠留回到家，马上发大善念布施，每天供养无数有道德的修行人。因为这段因缘，阿鸠留死后便投生到天界。

淡然心语：

人生在世，不可能孤立存在，所以，在生活中，不要吝啬自己的善心和爱心。帮助了别人，自己的心灵也将得到升华。种下善因，必有善果，善行必有善报。

2. 慈悲之心度己度人

佛曰："常怀慈悲之心，做慈悲之事，才能心中太平，才能度己度人。"

佛经中有这样一个故事。

从前有一个国家叫做波罗奈国，这个国家的国王叫做波耶。波耶是个非常宅心仁厚的国王。波罗奈国在他的治理下，老百姓丰衣足食，过着非常幸福美满的生活。到最后，把监狱和衙门都撤掉了。连天神都对波耶深表赞叹。

跟波罗奈国相邻一个国家的国王，听说有这样一个富有的邻国，便想把波罗奈国据为己有，于是他就召集大臣们商议如何占领邻国。最后这个国王决定发动全部武力征讨波罗奈国。

波罗奈国的老百姓很快就听到了这个不幸的消息。于是大家都做好了抵御外敌侵略的准备。

波耶看到如此情景，难过地说："这一切都是因为我的缘故啊，如果两国真的打起来，会伤及无数百姓，毁掉大批物资，为什么非要用这样的办法来让百姓遭殃呢？我宁可失去自己的性命也不能舍弃自己的慈悲之心。"

于是他决定牺牲自我，保全大家。在夜晚的时候，趁别人不注意，他换了一套普通的衣服出发了。

在路上，他碰到了一个老婆罗门，老婆罗门上前问道："请问你们的国王还安好吗？"波耶说："他已经死了。"

老婆罗门听了以后痛哭不已，波耶见他这样悲伤感到很奇怪，于是就问他："您为什么这样伤心呢？"

老婆罗门说："我早就听说波耶国王宽厚仁慈，对待百姓非常爱护。我是特意从很远的地方赶来看他的，为了赶到这里，我已经花光了我所有的积蓄。我该如何是好啊？"

波耶听了以后，跟老婆罗门说："其实我就是波耶国王，我现在就给您一个发财的好机会，邻国听说我的国家非常富足，决定攻打我的国家，如果谁能拿到我的首级，就可以得到很大的奖赏，那些奖赏够您几辈子花不完的，这样您的子孙后代也不会再受穷了，我也感到开心。”

老婆罗门听了以后立即回答道：“我是绝对不会做这种出卖良心、不仁不义的事，打死我也不会做的。”

波耶王心想：“看来这个老头很善良，他肯定不会杀我的，要是我自己把头送给他，他不就没有罪了吗？”

于是，波耶跪地拜了各方，泪流满面地说：“在百姓面临危难的时候，我应该用自己的权利去拯救他们。”说完就自杀了。

老婆罗门痛心不已，但又不能辜负波耶的成全，于是拿着波耶的头颅和宝剑去见邻国的大王。

邻国的国王不相信这个老头能把波耶这么轻而易举的杀死，于是就问道：“你是怎样杀死波耶国王的呢？”

老婆罗门就把事情的经过给邻国的国王从头到尾讲述了一遍。

波耶国王的事情很快传遍了全城，所有的老百姓都涌上街头，沉痛悼念死去的波耶国王。有的人甚至因悲伤过度，休克而死。

邻国的国王看到这样的情景也大为感动，并且为自己一时的贪念而感到懊悔。为了弥补他的过失，他把波耶国王的尸体予以厚葬，并立波耶国王的儿子为王子。

后来邻国的国王也开始实行仁政治国，从此以后再也没有起过任何纷争。

淡然心语：

慈悲的力量是无穷无尽的，比任何一件武器都有力。武器只能从外在制服人，无法从根本上去掉人的邪恶，而慈悲却能感化人，让人得到心灵的震撼。如果每个人都能以慈悲为怀，那么这个世界将会更加美好。

3. 但行好事，莫问前程

佛祖说：“人有七苦：贪、嗔、痴、怨憎会、爱别离、求不得、失荣乐。”若贪嗔痴不在心里边，淤泥也可化红莲。嗔和怨憎会是讲愤懑的苦恼，修行人要戒嗔、戒怒，永远保持一个平和的心态非常重要。

有一个青年，平时很喜欢帮助别人，有一次他也遇到了自己无法解决的困难，于是就到平时他帮助过的一些朋友那里求助。

但是他的朋友们却对他的困难置之不理。于是他心里感到愤愤不平，他生气地说：“这些家伙真是忘恩负义，没有人情味！我以后再也不要跟他们做朋友了。”

他怎么也想不通，为什么平时他帮助过的那些人到关键时候却没有人帮助他，于是他就去找一凡大师倾诉。一凡大师听了青年人的抱怨后，对他说道：“助人本来是件好事，但是你却把它做成了坏事。”

青年人听了以后更加不解地问道：“为什么这样说呢？”

大师说：“首先，你没有看清楚一些人的本质，那些没有感恩之心的人，不值得我们去帮助，然而你却不分黑白就付出自己的精力。其次，你在帮助别人的同时，却没有能够影响到他人也同样能够怀有感恩之心，你帮助别人让别人感觉理所当然，那么别人也就理所当然地接受你的帮助。最后，你在帮助他人的时候也许过于功利，你并没有以一颗平常心对待，而是觉得自己在行善，优于别人。你应该想自己只是做了一点力所能及的小事。相比你而言，有人可能比你更富有爱心。”青年人听了以后顿有所悟。

星云大师讲过：“修德不求报。”《宝玉三昧念佛直指》说：“施德不求望报，德望报则意有所图。”帮助别人，在佛家看来就是布施。而关于布施，《金刚经》里面讲到“三轮体空”，就是说，没有布施的我，没有布施的人，没有布施的东西。既然没有布施者、接受者和布施的东西，就不应该去衡量“到底我这个布施出去，能够得到多少好处”。

洛克菲勒年轻的时候，家境贫寒，由于他的勤奋肯干，最后才创造了巨大的财富。当他变得富有以后却变得贪婪冷酷，当地居民对他恨之入骨，包括他的兄弟也对他嗤之以鼻，洛克菲勒的前半生在众叛亲离中度过。

当他53岁的时候，疾病缠身，医生们告诉他必须在金钱、烦恼、生命三者中选择一个。他终于醒悟，原来是贪婪的恶魔控制了他的身心。他听从了医生的劝告，开始过一种与世无争的平淡生活，他学打高尔夫球，去剧院看喜剧，还常常跟邻居闲聊。

后来，洛克菲勒开始考虑如何把巨额财产捐给别人。他一生至少赚进了十亿美元，捐出的就有七亿五千万。他用一生的时间才找回曾经丢失的世界，那里有用金钱买不到的快乐和健康，以及别人的尊敬和爱戴。

像洛克菲勒一样，我们在生活中有很多帮助别人的机会，不要吝啬，要用无私的心去帮助别人，不求回报，或许在你困难的时候，你就会得到别人的帮助。

无所求的布施，才是真正的布施。真正的布施是不要求任何回报的。如果企望有所回报，就不是布施而是交易了。一个人布施后而想控制受施者，是一种不正确的行为。布施，不要企望别人的感激。人类是善忘的，但他们也一定会感激你的布施。真正的布施，是不企望任何物质的回报；布施者和受施者，同样不需要为布施而承担任何义务。

佛教的布施，是一种崇高的道德意义。布施让人接受和理解慷慨的真正意义。有些人布施是为了宗教的理由或信条，这种不正确的动机，不是真正的布施。

佛教的布施是抑制个人物质的贪，从而获得心的进长。一个人如果想获得心灵上的进长，就必须无我地布施；如果他有强烈的回报欲望，就无法生起正念，导致他更加的贪婪。一个人应该经常伸出援手，协助那些需要帮助的人，令他们获得利益，令他们快乐。

当一个人在布施时，不仅仅是“身”的行动，“心”和“意”也一起行动，因此带来的是真正的快乐。慷慨和布施将使一个人获得提升。一个慷慨的人，以慈悲心对那些需要帮助的人伸出援手，他就是在布施。当一个人在布施时，生起的慈悲和善心，足够控制自己的自私和贪婪。

淡然心语：

真正的布施是不求回报的。是没有任何私心的，是要把所有的一切都能施舍出去。发自内心的真诚的帮助，更容易赢得他人的尊敬，也更容易获得意外的回报。

4. 珍惜眼前人

要培养一份清净无染的爱，在感情上不要有得失心，不要想收回，就不会有烦恼。

——证严法师

一天深夜，一座寺庙里有一个禅师与一个男人在对话，禅师坐着，男人垂手站立。

男人苦恼地对禅师说：“我是一个已婚之人，现在却狂热地爱上了另一个女人，我真的不知道该怎么办才好。”

禅师道：“那么你能确定你现在爱上的这个女人就是你生命里惟一的最爱的女人吗？你会不会再爱上别人呢？”

男人想了想，说：“不会的，这个女人是我的最爱，也将是我生命中的最后一个女人。”

禅师立刻说：“那你现在就离婚，然后娶她为妻不就可以了吗？为什么还要苦恼呢？”

男人却显得十分为难的样子，他对禅师说道：“可是我现在的妻子温柔、善良、贤惠，并没有任何对不起我的地方，我这样做是不是太过于残忍？而且，我这样做似乎也很不道德。”

禅师道：“在婚姻中如果没有爱还在一起，才是最残忍和最不道德的，你现在既然已经爱上了别人不爱她了，所以，你这样做并没有错。”

男人着急地说：“可是我妻子很爱我的，我该怎么办呢？”

禅师听后说道：“那她至少还是幸福的。”

男人感到迷惑不解，就问道：“是我先要提出与她离婚，然后另娶他人，她应该很痛苦才对呀，你为什么说她是幸福的呢？”

禅师道：“因为她仍然拥有对你的爱，正所谓拥有的就是幸福的，失去的才是痛苦的，所以痛苦的人应该是你而不是她。”

男人仍然十分迷茫，又说道：“我另娶他人，而她不再拥有我，难道她不应该痛苦吗？”

禅师说：“你又错了，你只是她婚姻中真爱的一个具体，当你这个具体不存在的时候，她的真爱还会延续到另一个具体，因为她的真爱从没有失去过，而你却失去了，所以她是幸福的而你才是痛苦的。”

男人急切地说：“可是她说过，她这辈子只爱我一人，她不会再爱上别的男人。”

禅师反问道：“你也说过这样的话吧？”

男人听了禅师的问话面露惭色，没有说出话来。

禅师又指着烛台上的三根蜡烛问他：“你现在看你面前烛台上的三根蜡烛，哪根最亮？”

男人仔细端详了一会儿，道：“好像都是一样的亮。”

禅师道：“这三根蜡烛就好比是三个女人，其中有一根就代表你现在最爱的那个女人，大千世界，女人是无数的，你在这三根蜡烛中都不能把你最爱的人找出来，你又怎能确定你现在爱的这个女人就是你生命里惟一的最后一个女人呢？”

男人脸上惭色更甚。禅师看了看男人，径自说道：“你现在拿其中一根蜡烛放在眼前，再看这三根中哪根最亮？”

男人道：“眼前的这根最亮。”

禅师道：“你现在把它放回原处，再看看哪根最亮。男人看了一会儿，道：“现在又看不出来了。”

禅师缓缓说：“你刚才拿的那根蜡烛就好比是你现在爱的那个最后的女人，当你用心爱她时，你就觉得它最亮，当你把它放回原处后，你却找不到最亮的一点感觉，这就是你这种所谓的惟一的最后一个女人。”

男人恍然大悟：“哦，我懂了，你并不是要我与妻子离婚。”

禅师道：“看破就好，不要说破，你知道如何去做就可以了。”

男人终于大彻大悟：“我现在知道谁是我最爱的人了。”

禅师道：“阿弥陀佛，阿弥陀佛！”

得不到的东西，总是觉得最好，主要是因为对它了解得太少，没有时间与它在一起相处和了解。一旦有机会在一起，时间久了就会发现，它并不像想象中的那么美好，其实爱与不爱只在一念间，我们所爱的人无非都是芸芸众生中的一个人，只要用心去爱，就会觉得珍贵。

找一个喜欢的人不容易，找一个爱自己的人也不容易，如果不能确定哪一个才是自己最爱的人，为什么不在自己成为别人的爱人时珍惜自己拥有的感情呢？珍惜当前，永远胜过三心二意。

淡然心语：

有的就要学会珍惜，不要等到失去了才感到惋惜，得不到的不一定是最好的，爱与不爱都是一念之差，为什么不去爱眼前人，而去追求不可得的东西呢？

5. 慈悲是世间最温柔的力量

爱是理性的牺牲，而不是感性的占有。爱是无怨无悔，心甘情愿的奉献，爱是美化外在环境，净化内在心灵的源头，爱是慈悲的显现。

——海涛法师

有一个年轻人，总是愤世嫉俗，看什么都不顺眼。由于在生活中遇到了很多的误解和挫折，他感觉整个世界都在跟他作对。在抑郁的环境中，他度日如年，精神几乎要崩溃。

有一天为了散心，他登上了一座景色宜人的大山。看到那些成功人士悠闲地欣赏着美丽的风景，想想自己这些年的遭遇，他内心的烦恼像洪水一样翻滚，他忍不住大声喊道：“我恨你们！我恨你们！我恨你们！”

没想到，空荡幽深的山谷传来同样的回声：“我恨你们！我恨你们！我恨你们！”似乎千山万壑都在回应。正在旅游的人也莫名其妙地看着他。

他越听越烦。不论走到哪里，这些怨恨的声音都在围绕着他，扰得他更加恼怒。

就在他烦躁不安时，从身后传来了“我爱你们！我爱你们！我爱你们！”的声音。他扭头一看，只见离他不远处的地方有一个禅师在冲着他喊。

片刻禅师者微笑着向他走来，他见禅师面善目慈，便一股脑说出了自己所遭遇的一切。

听了他的讲述，禅师笑着说：“晨钟暮鼓惊醒多少山河名利客，经声佛号唤回无边苦海梦中人。世界是一堵墙壁，那么爱是世界的回音壁。就像刚才我们的回音，以什么样的心态说话，它就会以什么样的语气给你回音。你不妨先改变自己的习惯，试着用友善的心态去面对周围的一切，你会有意想不到的快乐。”

青年听了禅师的话，对着山谷喊道：“我爱你们，我爱你们！”山谷传来了同样的回音，周围的人们也在对他友好地微笑。

听了禅师的话，年轻人恍然大悟。想到自己以前恨天怨地，充满仇恨，他羞愧得无地自容。

回家后年轻人以积极、健康、友善的心态对待身边的一切，他和别人之间的误解消除了，再没有人和他过不去，工作上他比以往顺利多了，他也发现自己比以前快乐多了。

有句话说得好，爱是世界的回音壁。的确，在生活中我们每个人都应该记住，世界是互动的，你给世界多少爱，世界就会回给你多少爱。爱给人的收获远远大于恨带来的暂时的满足。

智空禅师是武士的儿子，到江户游玩的途中，偶然遇到一位高官，他做了高官的随从。

后来，他与官员的太太两相情悦，十分亲密。纸里包不住火，两人的私情终于被发现了。自卫中他杀了那位大官，带着他的太太逃往别处。

习惯了奢华生活的人突然失去了生活来源，迫不得已的情况下两人堕落成贼，而女人的贪得无厌使智空禅师深恶痛绝，最后终于下决心离开了她。

智空禅师到很远的一个寺庙出家，做了一名游方僧人。为了弥补他的罪过，他下定决心要在有生之年完成一件善举。

他知道某处的悬崖非常危险，已断送了不少人的性命。他决心在悬崖下面挖一条隧道，为人们开辟一条安全的通道。

他白天乞食，夜晚挖掘隧道，长年累月，日日不辍。转眼间30年过去了，一条长达2000米的隧道终于挖通了。

在智空禅师完成隧道的前两年，那位大官的儿子已经成为一名剑道高手。他四处寻觅智空禅师以报杀父之仇，后来终于发现了他，要置他于死地。

智空禅师平静地对他说："我心甘情愿地把我的生命交给你。但是，请让我挖成这条隧道，等到这件工作完成的那天你就可以杀了我。"

于是，大官的儿子耐下性子等待那一天。时间一天天过去，智空禅师仍在不断地挖着。一晃又是几个月，大官的儿子闲等着感到十分无聊，便开始帮智空禅师挖掘。他帮了一年，逐渐对智空禅师的坚强意志生出敬佩之情。

隧道终于挖成了，人们可以从这儿安全通过了。

智空禅师放下手中的工具，欣慰地长吁一口气说："隧道完成了，我心愿已了，现在请你砍去我的头吧。"

此时，大官的儿子满眼含泪，动情地说道："你是我的老师呀！我怎能下手砍自己老师的头呢？”

智空禅师的慈悲和关爱，化解了满腔的仇恨和怒火，让复仇者改变了初衷。

有一个人在社会上总是郁郁不得志，于是就有人向他推荐去找禅师寻求解脱的妙策。

他找到禅师，禅师沉思良久，默然舀起一瓢水，问：“这水是什么形状？”这人摇头：“水哪有什么形状？”禅师不答，只是把水倒入杯子，这人恍然大悟似的说：“我知道了，水的形状像杯子。”禅师没有回答，又把杯子中的水倒入旁边的花瓶，这人又说：“我又知道了，水的形状像花瓶。”禅师摇头，轻轻提起花瓶，把水轻轻倒入一个盛满沙土的盆。清清的水便一下渗入沙土，不见了。

这人陷入了沉思。

禅师俯身抓起一把沙土，叹道：“看，水就这么消逝了，这也是一生！”

这个人对禅师的话咀嚼良久，高兴地说：“我知道了，您是通过水告诉我，社会处处像一个个规则的容器，人应该像水一样，盛进什么容器就是什么形状。而且，人还极可能在一个规则的容器中消逝，就像这水一样，消逝得无影无踪，而且一切无法改变！”这人说完，就紧盯着禅师的眼睛，他急于得到禅师的肯定。

“是这样。”禅师拈须，转而又说，“又不是这样！”说完，禅师出门，这人随后。在屋檐下，禅师蹲下身，用手在青石板的台阶上摸了一会儿，然后顿住。这人把手指伸向刚才禅师手指所触之地，他感到有一个凹处。他迷惑，他不知道这本来平整的石阶上的“小窝”藏着什么玄机。

禅师说：“一到雨天，雨水就会从屋檐落下，看，这个凹处就是水落下长期打击造成的结果。”

此人大悟：“我明白了，人可能被装入规则的容器，但又像这小小的水滴，改变着坚硬的青石板，直到破坏容器。”

禅师说：“对，这个窝会变成一个洞！”

这个人答：“那么，我找到答案了！”

禅师不语，用微笑和沉默与这个人对话。这人离开了禅师，重新回到了社会，他用行动与禅师对话。这世间又多了一个充满活力的人。

禅师对那个人的启发，归根结底就是要让他明白：社会是有规则的，或者说是以固定的形态出现的，但是人却是可以随时改变形态以适应社会的，说得更简单一些就是要善于改变自己。

淡然心语：

爱是阳光，让心灵的鲜花开放；爱是雨露，滋润仇恨的心灵；爱是和煦的微风，吹去心头的阴影。世界是互动的。你给世界多少爱，世界就会回报你多少爱。当接受别人爱的同时，不要忘记给别人关爱。爱给人的收获远远大于恨带来的暂时满足。重要的是改变世界前先试着改变自己。

6. 众生平等，每个人都有佛性

平等地对待每一个人，而不论其贫富或贵贱。

雪窦禅师是宋代人，他同学士曾会知交甚久。一日，两人相逢在淮水边。曾会关心地问道："禅师，你要到哪里去呀？"

雪窦回答说："云水僧人四海为家，没有固定的去处，到钱塘去可以，到天台去也可以。"

曾会说："禅师若是想去灵隐寺的话，我可以介绍该寺方丈珊祥禅师给你认识，他是我的方外之交，一定会接待你。"

于是，雪窦禅师就揣着曾会的信函前往灵隐寺去了。他到了寺内挂单，住进云水堂，并未把函件交给方丈和尚。他同普通僧人一样，过僧众清苦的生活，上殿、过堂、参禅、早起早睡，就这样转眼过了三年。

第四年春天，曾会因公事来到浙江，顺道到灵隐寺去探访雪窦禅师，他问寺院里的僧众，几乎没有一个僧人知道，连方丈和尚也不清楚雪窦是何许人也。

他索性自己到各个僧房去看看，寺内僧人约有一千多位，他一一辨认，终于找到了，说道："你在这里住这么多日子，怎么不拜见一下方丈和尚呢？是不是把我的信函丢失了？"

雪窦说："我是个云水僧，一无所求，岂可打扰别人？"说着，就从怀里摸出曾会的信来。双方哈哈大笑。

无独有偶，善慧大士同样能够以平常心来藐视名利、权势。

有一天，善慧大士讲经的时候，梁武帝驾到。众人都站起来迎接，只有善慧大师端坐不动。武帝的一位侍臣赶紧过来对善慧说："圣驾在此，为什么不起立？"善慧坦然回答："法地如果动摇，一切都会不安的。"

以帝王的威严，圣驾一到，信众就得起立迎驾，以维护封建等级制度，但这却不是佛场中事。梁武帝的实际行动说明，其本身不懂或不信佛法人人平等的理念，之所以还标榜信佛，是因为他想以信佛礼佛为手段，从佛那里捞到好处，以达到巩固帝王地位或者长生不老之类的私欲。

善慧大士看出了梁武帝的私心，故而藐视他，以佛法大于帝法给予回敬。在善慧心中，佛法更大，众生平等的信念也更崇高。

佛陀怜悯一切众生，以清净心、平等心对待一切众生，即是大慈悲心。故真慈平等即是佛心真性，真心现前，就入十方诸佛法界。

修行的人要有平等心、慈悲心、恭敬心，恭敬修善法。

心是清净的、平等的、没有成见的，才是真正公平。此为凡圣不相同之处。《普贤菩萨行愿品》上说："于众生尊重承事，则为尊重承事如来。"教提出的人与人之间的双向互敬关系是"相视当如视佛"，"善修和敬，互相尊重"。

虚云法师说："在交往中应自尊而不骄傲，尊重别人而不谄媚；批评别人以精诚相待、忠言诱导；受人批评应虚心诚恳，即使对方有所偏颇，也不耿耿于怀。"常言说得好："若要人尊重你，你先尊重人。"即使是你的敌人也要尊重，因为尊重能唤醒一切善意。

悟达禅师做云水僧时，有一天途经京师，看到一位西域异僧身患恶疾，无人理睬，于是就为他擦洗敷药，细心地照顾他。病僧痊愈后对悟达禅师说："将来如果有什么灾难，你可以到西蜀彭州九陇山间两棵松树下面找我！"

多年后，悟达禅师的法缘日盛，唐懿宗非常景仰其德风，特封悟达禅师为国师，并钦赐檀香法座。这时，悟达禅师自觉尊荣，也渐渐起了傲慢之心。一日，悟达禅师膝上忽然长了个人面疮，眉目口齿皆与常人无异。

悟达禅师遍访名医，都无法医治，束手无策之时，忽然想起昔日西域异僧的话，于是就依约来到九陇山，找到西域异僧并道明来意。西域异僧胸有成竹地指着松旁的溪水说："不用担心，用这清泉可以除去你的病苦。"

悟达禅师正要掬水洗涤疮口，人面疮竟然开口说道："慢着！你知道为什么你的膝上会长这个疮吗？西汉史书上袁盎杀晁错的事情你知道吧，你就是袁盎转世，而我就是当年被你屈斩的晁错。十世以来，轮回流转，我一直在找机会报仇，可是你却十世为僧，清净戒行，一直苦无机会下手。直到最近你集朝野礼敬于一身，起了傲慢之心，有失道行，我才能附在你身上。今日蒙迦诺迦尊者慈悲，以三昧法水洗我累世罪业，今后不再与你冤冤相报。"

悟达禅师听后，不觉汗如雨下，连忙俯身捧起清水洗涤，突然一阵剧痛，昏了过去。当他醒过来的时候，膝上的人面疮已经消失不见，眼前也没有什么西域异僧。

《毗尼母经》上说：“卑己敬人。”古语说：“君子敬而无失，与人恭而有礼。”圣人的伟大，在于他的平等心。与人交往，只有相互平等，才会有真正的彼此尊重。尊敬别人能换来别人的尊敬，互相尊敬能互相受益，主动示善最为珍贵。

佛说：“众生平等。”对人恭敬，就是在庄严你自己。人与人之间本无高低贵贱之分，无论我们担任什么职务，从事何种工作，取得何种成就，都是社会的分工，都不应该以此去傲视别人。谁不是沧海一粟呢？能够正视自己的这种渺小的人，会虚怀若谷，谦虚谨慎，从而才有更严格的要求与更高的追求，人生才能达到新的高度。

淡然心语：

佛家说“众生皆平等，人人能成佛。”故而，在真理面前人人皆平等。如果让真理屈从于帝王或其他什么人的威势，就是法地动摇。法地如果动摇，那么，一切都会不安，世界就会陷入黑暗之中。

7. 害人者自害

用伤害别人的手段来掩饰自己缺点的人，是可耻的。

从前，有一位道长为了方便大家饮水，便在野外挖了一口水井，并在井边放了一只吊桶。凡是放牛、割草、旅行的人，路过这里，全都可以来这个井边喝水和洗澡。

一天黄昏，一群野狐狸来到井边，看见井水溢出地面，立刻喝那些水来润湿喉咙。而狐狸王却不肯喝地上的积水。它把头潜入井边的吊桶里，猛喝桶里剩下的水。喝完后，头潜在吊桶里忽然用力一摔，就把那个吊桶掷在地上，摔得粉碎。

其他野狐狸看见，忍不住劝告它："在极度渴的时候，连干燥的树叶都很有用，何况这个吊桶对于别人是多么重要啊，你为什么要把它摔碎了呢？"

"我喜欢这样做，有什么不可以吗？别人的困难，跟我有什么关系？我管不着。"

不管别的野狐狸怎么说，狐狸王都听不进去。吊桶被破坏的事情很快就转告给了道长，道长就又买了一个新吊桶放在井边。不料，狐狸王又来把吊桶摔碎了，就这样狐狸王一连破坏了十四个吊桶。虽然其他狐狸苦口婆心劝告它，但它依然我行我素，对部下的劝告充耳不闻。

道长知道了以后，心想："一定有谁觉得这个井不够好，待我亲自去察看一下。"于是他又买了一个新吊桶放在井边，自己藏在树阴下，看着一整天人来人往的喝水，却看不到谁来破坏吊桶。当夜幕降临的时候，一群野狐狸来到井边，纷纷喝地面的积水。只有一条看似领袖的狐狸，把整个头潜入桶里喝水。喝完后，用力把吊桶往地上一摔，摔得粉碎。

"原来是这个狐狸王在埋怨这口井。"道长明白了真相，即刻跑回道观去，又用木材造了一只头能伸得进去但拔不出来的吊桶，重新放在井边。然后，他手持拐杖，跟上次一样隐藏在路旁的树荫下，悄悄地等待狐狸王的到来。

黄昏来临，狐狸王照例走来喝水了。它没有注意到吊桶的改变，依然把头伸进桶里喝水。喝完了水，它仍用力把水桶往地面猛撞。吊桶不但没有损坏，反而自己的头也拔不出来了。把吊桶往地面上摔的时候，即使令自己头痛，也无法打破吊桶，更不可能拔出头来，正在狐狸王惊慌失措之际，道长突然现身，挥起拐杖，打死了那只狐狸王。

淡然心语：

生活中有一些人喜欢一意孤行，不爱听别人的劝告，最终是害人害己。在做事情的时候，要多听听别人的建议，多问一问别人，这样才不会让自己变得孤立无援。

8. 我不入地狱，谁入地狱

金佛不度炉，木佛不度火，佛不度水，真佛内里坐。

——从谂禅师

从谂禅师是唐代著名的禅师，他认为“金佛不度炉，木佛不度火，佛不度水，真佛内里坐”。意思是说，只有通过自身的修炼领悟的真理，才是真正的佛。

有一位骁勇善战的将军很是推崇从谂禅师的教诲，但却一直没有得道。

于是他亲自去拜见禅师，他问道：“大师，我死后是进入极乐世界，还是入地狱？”

禅师答道：“入地狱。”

将军又问：“那么您呢？”

禅师答道：“老僧最先入地狱。”

将军听后感到不解，于是又问：“我驰骋疆场，杀人无数，本该入地狱，而您修行一生，怎么也入地狱呢？难道大师的修行都白费了吗？”

禅师教化道：“我如果不下地狱，又有谁来教化你呢？”

禅师说“老僧最先下地狱”，又说“我如果不下地狱，又有谁来教化你”。“教化你”什么呢？自然是“以我的视死如归告诉你众生平等”。

在佛家看来，地狱是极其黑暗和恐怖的，在地狱里的人饱受严寒酷暑、大小刑法。日复一日，没有人关心，生死轮回，没有穷尽。但无数佛家子弟却甘愿付出他们最大的爱心，到地狱里去，为的是要拯救那里面的众生。这种救世的精神，可谓是太伟大、太难得了。

“我不入地狱，谁入地狱”，是一种最伟大的德行，体现了佛家对芸芸众生的责任感，淋漓表达了佛家济世救人的精神。

据佛经记载，最早誓愿“入地狱”的是地藏菩萨。

地藏菩萨曾是一位婆罗门女。她在如来塔前发过大誓愿说：“愿我尽未来无量劫，要度尽那些有罪苦的众生，使他们都能获得解脱。”

地藏菩萨也曾是一位长者的儿子，在如来前发誓说：“我将在未来一切的时间中，为那些罪苦的六道众生，广设方便，使他们都能得到解脱，而我自身要在他们成佛后方成佛道。”

地藏菩萨还做过国王，并以国王身份发下誓愿：“我若不先去救度那些罪苦众生，使他们得到安乐，终不愿先他们成佛。”

以地藏菩萨为代表的佛家能以广博之心，毅然地舍身为众，历经地狱之劫难，拯度那些受难众生。全然代表了无穷无尽的佛心，也代表了佛法无尽的光明。

淡然心语：

“我不入地狱，谁入地狱！”是大悟之人才有的胆魄和勇气，这是将个人得失、荣辱生死置之度外。体现了佛家对芸芸众生的责任感，淋漓表达了佛家济世救人的大无畏精神。

9. 天堂和地狱仅在一念之间

有时候，自己要设身处地想想别人，和他人做个比较。

唐代著名的智舜禅师一向在外云游参禅。

有一天，智舜禅师在山上林下打坐。忽然一只受伤的野鸡逃到禅师座前，禅师便以衣袖掩护着这只死里逃生的小生命。

不一会儿，一个猎人气喘吁吁地跑来向禅师索讨野鸡："请将我射中的野鸡还给我！"

智舜禅师带着耐性，无限慈悲地开导猎人："它也是一条生命，放过它吧！"

猎人说："你要知道，那只野鸡可以当我的一盘菜哩！"

无论智舜禅师怎样劝解，猎人始终不依不饶地和智舜禅师纠缠。禅师没有办法，拿起行脚时防身的戒刀，把自己的耳朵割下来，送给贪婪的猎人，并且说："这两只耳朵，够不够抵你的野鸡，你可以拿去做一盘菜了。"

猎人大惊，终于觉悟到打猎杀生是件残忍的事情。

禅宗主张，人人都应该富有慈悲之心，不应该为了自己的一己之私而去肆意地伤害他人。

禅宗的这种观念，具体地运用到现实生活中就是要求人们要善于替别人着想，而不是凡事都从自己的私利出发。

替别人着想，虽然只有区区几个字，但是要真正地实施起来却并非易事。因为，替自己着想容易，而替别人着想却需要具有慈悲的关爱之心才行。

佛经中有这样一则故事。

从前，有一个骄傲的国王，想要建造一座王宫，便对大臣们说："你们到森林中去找最高的树，我要用它来建筑宫殿。"

大臣们找来找去，终于有一天，在森林深处找到了这样的一棵树。这是一棵很茂盛的树，它的四周被一些小树围绕着。那天晚上，他们向国王报告说：

“陛下，我们已经找到您要的树了，明天我们就到森林中去砍那棵大树。”

国王听了很高兴，就去睡觉了。那天晚上，他突然做了一个神奇的梦，他梦见树神出现在他面前说：“国王，请您不要摧毁我的住所。如果您这么做，每砍一斧，我就会痛苦一次，最终我就会死掉了。”但国王回答：“你是森林中最好的一棵树，我必须砍掉你用来建造皇宫。”无论这位神灵怎么恳求，国王还是很坚决，必须要砍掉这棵树。最后树神无奈地对他说：“好，你可以砍。但请你不要像砍一般的树那样从树下面砍断。你可以让你的臣民从树的最上面一枝一枝地往下砍，直到把整棵树全砍完了。”国王听到这种砍法，很惊奇，说：“那不是比一次从树根处砍下更加痛苦吗？”树神回答：“你说得不错。我是为森林中的其他生物着想，才建议你这样做的。我是棵很大的树，如果一次砍倒，就会压坏周围的小树，并会杀死很多小动物。但一枝一枝砍的话，就可以减少对它们的损伤了。”

国王这时醒了过来。他回忆起梦中的情景，心想：“树神宁肯挨数百次痛苦，也不要让小生灵们受苦，这树神是多么勇敢和仁慈，而我要砍树，只是为了满足我的虚荣心，我是多么的自私，我还是不要砍这棵树了，我应该对他表示尊敬才对。”于是国王第二天就亲自去森林深处，向这棵树献花致敬。

从那天以后，他变成了一位仁慈、有爱心的国王了。

能设身处地为他人着想，了解他人心里想些什么的人，永远不用担心未来。要想很好地生存和发展，就要学会为别人着想，学会与人合作，因为只有懂得为他人着想，人与人之间才会最大限度的减少矛盾和冲突，而一个懂得为他人着想的人，别人也会想着他。

人与人之间相处，难免有误解、有矛盾，这时，如果你能设身处地为他人着想，为对方着想，你就会选择宽容，选择忍让，如此一来，你的委曲求全也就能感化对方，所谓的矛盾也就迎刃而解了。

当别人无意间冷落了自己、冒犯了自己时，要尽可能以博大的胸怀宽容对方、原谅对方，而不是无论对谁、无论对何事都要针锋相对、都要斤斤计较。当然，能够原谅对方的前提是，你必须是一个习惯为他人着想的人。

有一个年轻人，他一心想知道天堂和地狱到底有什么差别，有一位哲人决定帮他解决这个问题，于是哲人就带着这个年轻人来到了一个破败不堪的地方，他看见那里有很多人，大家都围在一起吃东西，奇怪的是那些东西都是很好的食物，但那些人看起来却面黄肌瘦，一副痛苦不堪的样子，哲人对年轻人说："这就是你想知道的地狱。"

接着哲人又把年轻人带到另一个地方，同样的也是有很多人坐在一起吃东西，不同的是他们吃东西的样子都很满足和开心，哲人对年轻人说："这就是你想要知道的天堂。"

年轻人感到疑惑不解，就问哲人："为什么他们的境遇相同，而状态却截然不同呢？"哲人说："你再看看他们使用的筷子，因为筷子太长，如果只顾自己吃，那么谁也别想把食物吃到嘴里，地狱里的人都是只顾自己，结果什么都吃不到，而天堂里的人就不一样，也是同样长的筷子，但他们都把食物喂到对方的嘴里，所以最后大家都能吃到食物。"

年轻人恍然大悟，原来天堂和地狱的差别就在于是否为别人着想。

淡然心语：

俗话说："种瓜得瓜，种豆得豆。"如果你种下善因，获得的当然是善果。也就是说，如果能常常为他人着想，那么，别人也会很自然地为你着想。

10. 心中有佛，处处皆庙

无论身处什么样的环境，只要心中有佛，那么处处都是寺庙。修行如此，做事亦如此。

在一座寺庙里，有一个小和尚每天都在诵经，有一位香客问他："你每天都在这里诵经不觉得枯燥吗？难道你就不向往外面的世界吗？"

小和尚对这个香客说："为什么要觉得枯燥呢？外面的世界有那么好吗？"

香客说："外面的世界多好啊！宽敞明亮，要什么有什么，不愁吃喝，你何必在这里做苦行僧呢？"

小和尚回答："可我现在也很好啊。我每天一心向佛，佛祖赐我屋檐遮挡风雨，风不吹头雨不打脸，还可以天天和师父交流得道的乐趣。"

香客问："可是你自由吗？"

小和尚沉默了。

于是，香客从怀里掏出一扇门，并且以胜利者的姿态，把小和尚带到了外面的世界，安排在了一处豪华奢靡的人家。

一年后，香客突然想起了小和尚，便去看他。

见到小和尚后他问："我的佛祖，你过得还好吗？"

小和尚答道："我佛慈悲，我过得还好。"

"那你能说说在这个精彩的世界里的感受吗？"香客很真诚地问。

和尚长叹一声，说："唉，这里什么都好，只是这寺庙太大了。我每天早上一醒来就看见满院子的佛光普照，比起我以前的那个小寺庙好多了。"

说话间，小和尚已然入定。

淡然心语：

无论身处什么样的环境，只要心中有佛，那么处处都是寺庙。修行如此，做事亦如此。无论做什么，只要心中有坚定的信念和目标，并且能够持之以恒的坚持下去，就一定能到达成功的彼岸。

11. 布施乃快乐之源

佛曰："无我之乐乃真乐。"

一天，无德禅师正在院子里锄草，迎面走过来三位信徒，向他施礼，并问道："人们都说佛教能够解除人生的痛苦，但我们信佛这么多年，为什么没有感到快乐，这是怎么回事呢？"

无德禅师放下手中的锄头，安详地看着他们说："想要快乐其实很简单，不过，首先要弄明白为什么活着。"

三位信徒感到很意外，他们谁都没料到无德禅师会向他们提出问题。

过了一会儿，甲说："因为死亡太可怕了，所以人要活着。"

乙说："我现在拼命地赚钱，就是为了老的时候能够享受到美满、安逸的生活。"

丙说："我没有任何的奢望。我必须活着，否则一家老小怎样生活呢？"

无德禅师笑着说："你们当然都不会感到快乐，因为你们活着只是因为害怕死亡、因为等着年老体衰、因为养家糊口不得已的责任，没有一个是因为理想和责任而生活，一个人如果失去了理想和责任，就不可能活得快乐。"

甲、乙、丙三位信徒齐声道："请问禅师，我们到底要怎样生活才能快乐呢？

无德禅师又问道："那你们想得到什么才会快乐呢？"

甲信徒道："有钱我就会快乐。"

乙信徒道："只要有爱情，我就会快乐。"

丙信徒道："我认为有名誉我就会快乐。"

无德禅师说："为什么有的人有了名誉却很烦恼，有的人有了爱情却很痛苦，有的人有了金钱却很忧虑呢？"

信徒们无言以对。

无德禅师接着说道："理想、信念和责任并不是空洞的，而是体现在生活中的每时每刻。所以，必须要改变生活的观念、态度，生活才能有所变化。名誉要服务于大众，才有快乐；爱情要奉献于他人，才有意义；金钱要布施于穷人，才有价值，这种生活才是真正快乐的生活。”

每个人都希望自己能够生活快乐，但并不是人人都能享有幸福快乐的人生。那么如何才能快乐生活呢?

如果能够遵从以下几点佛家思想，就可以得到生活的快乐：

第一，懂得施舍

整天妄想、贪求的人不会快乐；只有懂得施舍的人，才会其乐无穷。“舍”并不是完全给人，而是一种结缘。一些助力，一个微笑，一个注目礼，都是结缘。表面上看起来是在给人，其实是在播种福田。心中有好话，才能说好话；心中有微笑，脸上才有笑容；懂得施舍，才会快乐。

第二，忙得忘忧

很多人喜欢偷闲，其实偷闲是苦，忙才会快乐。有人问一位禅师：“这么多年不见了，您怎么一点也没有老呢？”禅师回答：“我忙得没有时间老啊！”因为忙得乐以忘忧，所以不知老之将至。

第三，勤劳为乐

只有勤劳，才能创造财富；不勤劳，即使拥有万贯家财，也会坐吃山空。

第四，学会忍耐

佛祖之所以是佛祖，是因为他“难忍能忍，难行能行”。一个人能够忍，就有力量。所以我们要“以忍为力”，一忍万事成。

第五，智慧生活

“般若”就是智慧。比如说，有技能，就把技术传授给别人；能用“般若”处事，做什么事情都是好事、都是善事。凡事能为别人着想，能用般若来思想，必能获得别人的信赖和敬重。

淡然心语：

理想、信念和责任并不是空洞的，而是体现在生活中的每时每刻。所以，必须要改变生活的观念、态度，生活本身才能有所变化。名誉要服务于大众，才有快乐；爱情要奉献于他人，才有意义；金钱要布施于穷人才有价值，这才是快乐生活的真谛。

第九章
随缘随性生活，便是世间自在人

人的心思很不稳定，容易在光怪陆离的生活中迷失方向，很多人总是想得到很多，在一生的追求中得不到片刻的安宁，从而失去了生活的快乐，也带来了精神上的困扰和不安。佛教会我们用一颗平静的心看待生活中的得失，流露自然的本性。佛缘，是一种平和的心境。只有把握眼前，珍惜现在的幸福，才能掌握永恒。

1. 心中有佛，自身便为佛

心中有佛，即看他人如佛；心中有粪，即看他人如粪。

——《宗教箴言录》

慧忠禅师在河南的深山里苦修了四十年，与世人隔绝，没有任何烦恼与欲念，终于见到了清明的世界。

有一个僧人问他："怎样可以成佛？"

南阳慧忠微笑着回答："放下，忘掉。"

"怎样才能放下，忘掉呢？"

"超越一切，无欲无求！"

"佛到底是什么呢？"

慧忠扬眉大笑道："佛就是你的一举一动、一言一行、一想一念，你就是佛。"

慧忠禅师问紫磷供奉道："供奉学佛多年，'佛'是何义？"

紫磷不假思索，随口答道："佛者，是学悟之义。"

慧忠禅师又问道："佛会迷吗？"

对慧忠禅师的问题，紫磷不以为然，仍忍耐着反问慧忠禅师："已经成佛，怎会迷呢？"

又一次，供奉在批注经典，慧忠禅师在一旁道："批注经典者，必须契会佛心，所谓上契诸佛之理，下契众生之机，才能胜任。"

紫磷不悦地答道："没错，否则，我怎么会下笔呢？"

慧忠禅师听后，让侍者盛来一碗水，在水中放进七粒米，碗上摆了一双筷子，然后问紫磷供奉这是什么意思？

紫磷茫然不知，无语可对。

慧忠禅师终于不客气地训诫道："你连我的意思都不懂，怎敢说已经契会佛心了呢？"

大珠慧海师曾言："本自无缚，不问求解，直用直行，是无等等。"佛家又云："忧生于执着，惧生于执着；凡无执着心，亦无所忧惧。"面对贪嗔痴及诸烦恼时，我们能够悠游法界，心灵自由，就会当下自在。

现代社会是浮躁的，人们会为了蝇头小利耿耿于怀，会为了一些冲突和矛盾彻夜难眠。要想从苦难中解脱，就要超越个人的存在，拥有一颗无着心，无着心便是没烦恼的状态。

《金刚经》上说，"应生无所住心"、"应无所住而生其心"。对于事事无着的人而言，内心是虚空的，所以大肚能容，没有偏袒，不必执求。

有一位修行非常高的老和尚，收养了一条流浪狗，每天都要在傍晚喂食。老和尚在为狗送饭的同时，总是念念有词地唤着："放下！放下！"

徒弟们觉得很奇怪，就问："您为什么总是说'放下'呢？"

老和尚不语，让他们自己去悟。徒弟们就观察老和尚，终于发现：每天当师父喂完狗后，就不再读经了，而是自己到院中打打太极拳、悠闲地散散步或者看看日落，惬意地享受生活。

徒弟把观察的收获告诉了师父，老和尚微笑地点点头说："你们终于明白了。其实我在叫狗的时候，也是叫自己'放下'，让自己放下许多事情。因为人们不可能在一天内做完所有的事情，你只要将一天中最重要的事情做完就已经很好了。"

淡然心语：

佛家的理论和思想都是比较高深莫测的，离现实生活似乎很遥远，普通人也很难理解和懂得。实际上在想走进这些东西的时候，这些思想和理论已经在不知不觉中存在于我们身上，只是人们没有察觉而已，人的一言一行，一举一动，都是一种佛性的显现，只要心中有佛，自身便是佛。

2. 无我之境乃真境

当无我的信念深植在一个人的内心时，他便可因而达到宁静、沉着和更泰然自若的境地。

——《佛陀的格言》

《大般涅槃经》中有这样一个故事：

很久以前，在一座雪山里，住着一个品行纯洁的人。他追求真理的心情也非常迫切，但却不知道什么是正道。

一次，他有事外出，在回来的路上遇到了一个相貌非常凶恶的人。他心里非常害怕，不敢跟那人打招呼。那个人看见他有点儿躲躲闪闪，就故意拦住他的去路，不让他走，并且对他念了两句偈语："诸行无常，是生灭法。"他听见了这两句偈，觉得很有道理，再想想，更觉意味深长，心里非常高兴。

他四面望望，除了那个相貌凶恶的人，没有别人，不相信相貌那样凶恶的人会念出这样有意义的偈语来。再望望四面，还是没有其他的人，他就大着胆子上前行礼请教："先生，刚才两句偈语是你念出来的吗？"那个相貌凶恶的人点了点头。他就倒身下拜，真诚地赞叹说："你念的这两句偈，好像久旱的甘露，沉疴的良药，又好像暗路的明灯，大海船上的舵师。请问你是从哪里听来的？可惜只有半偈，还有一半你是否也晓得？"

那个相貌凶恶的人听了他的问话就大声斥责道："你问这个干吗？我饿了很久找不到东西吃，心烦意乱，念这两句偈，你怎么当起真来！"

他面色温和，言辞恳切地恳求道："先生，还有半偈你如果对我说了，我非但供养你上好的衣食，还愿意终身做你的弟子，我恳求你快说吧。"

那个人听了哈哈大笑道："你说得倒好，可知道我要吃什么东西？我吃惯了人的血和肉，你有吗？你肯吗？"

他稍稍考虑了一下就对那人说："下半偈的道理比生命还宝贵，我愿意把这个身体供养你。"说罢就把上身的衣服脱下来铺在地上，请那个人坐着，然后自己合掌跪在前面。

那个人说了下半偈两句："生灭灭已，寂灭为乐。"就要他实践他的诺言。他静静地思考了一下，然后很高兴地礼拜了站起来对那人说："先生，谢谢你的教导，使我知道了天地间最真实的道理。我现在心里非常清凉和快乐，没有一点儿恐惧和烦恼，应该酬谢你。先生，请你接受我的供养。"说完他就爬上树去，投身而下。谁知道那个相貌凶恶的人是天神变化了来点化和试验他的，所以他就被接住了并没有摔在地上。

据《大般槃盘经》上说，那个求半偈的人也是释迦牟尼佛的前身。释迦牟尼前身因为半句偈语肯舍身命，所以超越十二大劫，在弥勒菩萨之前成佛。

淡然心语：

佛学中，要想从凡人修炼成佛，必然要经历一个艰苦修行的过程。只有舍身忘我，虚怀若谷的人，才能成佛；只有坚持真理，以身作则的人才能成佛。在现实生活中也一样，只有经历千辛万苦的磨难，才能取得生命的"真经"。

3．参透生命的本质，便无所谓生死

一般来讲，人生有生、老、病、死四苦，是人人都无法逃避的痛苦。扩充来讲，还有爱别离苦、怨憎会苦、求不得苦和五阴炽盛苦。

——净慧

宋代的时候，有一个叫善昭的禅师，德高望重，一次朝廷命他去圣天寺做住持，来笼络天下民心，尽管朝廷向禅师许以丰厚的赏赐，但是一连下了三道命令，他都无动于衷。

最后，官府对派去的使者威胁说："如果再请不来禅师，你就是死罪！"使者吓得面无人色，只好到禅师面前苦苦哀求。

禅师看着不能再推脱，便与弟子们说："如果我带你们去，你们又赶不上我。我又不能丢下你们自己一个人去做住持，该如何是好呢？"

一个弟子说："师父，我跟您去，我一天可走八十里。"

禅师说："不行，你的速度太慢了，赶不上我。"

又有一个徒弟说："师父，我能跟您去，我一天可走一百二十里。"

禅师仍然摇头说："还是太慢了。"

徒弟们觉得很奇怪，师父怎么可能走那么快呢？

这时，其中一个徒弟向师父说："师父，我明白了，我愿意追随你。"

禅师问："你能赶上我吗？"

徒弟答："能，师父走多快，徒弟就走多快！"

禅师满意的点了点头，笑着连声说道："很好，那我们上路吧！"说罢，面带笑容便一动不动坐在法座上，徒弟们这才发现师父已经圆寂了。而那个徒弟也恭敬地站在禅师的身旁立化了。

王国维在《人间词话》里说了三种境界。第一种境界是：昨夜西风凋碧树，独上高楼，望断天涯路。此种境界是烦躁的心情，要摆脱各种现实的纷纷扰扰，破除一切的执念，才能达到洞然无物，观物之微。

第二种境界是：衣带渐宽终不悔，为伊消得人憔悴。这是对审美客体的把握，需要一种终生无悔的精神，来探索事物的美，这个过程是艰辛的。

第三种境界是：众里寻他千百度，蓦然回首，那人却在灯火阑珊处。这种境界就是顿悟的境界。当心情达到无欲，无喜，无念，无忧，就获得了智慧，从而达天知命。

有一个年轻人，满怀大志到外地经商，经过了三年的奋斗，终于能够有所成就，心里一直梦想着衣锦荣归、光耀门庭的景象。不料，一场无情的大火把他三年的努力化为灰烬，美梦顿时成为泡影，伤心之余兴起了寻死的念头。

他想找一个山崖从上面跳下来，结束他这一事无成的一生。到了山崖，他发现已经有一个老人，在山崖上徘徊不决地走着。他好奇地走近问他，独自一个人在此徘徊的原因。

那老人告诉他："我本来有一个小康的家庭，一家四口和乐地生活着，不料，几年前自己却生了一种怪病，看尽了名医都束手无策，花尽了家产也没有一点起色，现在为了看好我的病，妻儿们连三餐都得尽量节省，以筹措我的医药费，我成了家中的累赘，我想如果我死了，他们就可以不必再过这种生活了。"

听了那老人的话，年轻人的内心感触很多。

就在此时，不远处有个乞丐，手中提着包一跛一跛、兴高采烈地向山上走来。看他的样子，好像是趁着日暖时上山来走走玩玩的。那乞丐看见那二人，不介意地在他俩的旁边席地坐了下来，一面打开手中所提的包，一面口中念叨：

"今天天气真好，二位大哥兴致真高，这么早就来游山玩水。"

近身一看才知道，这乞丐不只是缺了一条腿而已，肩膀上还少了一只胳膊，原来那包是绑在他的袖子上的。看了这情形后，那年轻人想了想那老人的情形，再想想自己，心中不禁盘算着：

"我不过是失去了三年奋斗的结果，但我还年轻，还有机会再来一次；而那老人家，不过只是暂时失去了健康，但他却拥有孝顺的儿女和贤惠的妻子；那乞丐，虽缺胳膊缺腿，无依无靠，却自由自在的生活，比起他，我们实在是连死的资格都没有。"

他就对那老人说："我不想死了！我觉得我们俩还不是天下最可怜的人，我们不过是没鞋穿而已，要知道世界上还有人没脚；没脚的人都不愿意死，没鞋穿的人更没资格去死。"

老人略有所悟的点了点头，迈着脚步和那年轻人一起下山去了。

淡然心语：

悟道者的境界和功夫是值得每个人深思的：当一个人参悟了人生的奥秘，洞彻了生命的真相，便不会再计较名利得失，不会贪生怕死。视死如归，这便是觉悟者的最高境界。

4. 保持一颗禅心，虔诚生活

有良好的品德和高超的见识，依照完美圣者所启示的教法去生活，而且了解真理，认真负责的人，永远受大家的爱戴。

寺院钟楼上的大钟名为梵钟。梵者，清净之意也。据说，借着钟声，可使人开启心眼，破却烦恼。钟声所传递的，是不能言说的神性与心性。撞钟者要把心性的修炼融化在钟声里，而浮躁，苦闷，都有可能影响钟声。

有一天，奕尚禅师从早禅中起来时，刚好传来阵阵悠扬的钟声，禅师感觉今日的钟声与往日大有不同。于是专注地站在那里静耳聆听，钟声方停，他便忍不住召唤侍者，询问道："早晨司钟的人是谁？"

侍者有些奇怪，回答道："是一个新入寺的小沙弥。"

于是奕尚禅师马上叫侍者将这小沙弥找来，小沙弥以为自己的钟敲得不好，连忙解释说："这，这是弟子第一次敲钟，难免……"

奕尚禅师摆摆手说："你敲得很好。我是想问问你，你早晨是以什么样的心情在司钟呢？"

小沙弥不知禅师其意，回答道："并没有什么特别的，只为敲钟而敲钟而已。"

奕尚禅师道："好像不是吧？你在敲钟时，心里一定在想什么？因为我今天听到的钟声，是一种非常高贵响亮的声音，只有心正意诚的人，才会撞击出这样的钟声。"小沙弥想了想，然后说道："回禀禅师，其实当时我也没有刻意在想什么，只是听师父说，寺院钟声就是佛祖旨音，所以要敬钟如佛，撞钟之时，如同请佛说法，我就是怀着这样一种虔敬礼拜的禅心来司钟的。"

小沙弥的回答，奕尚禅师非常满意，他再三提醒小沙弥："往后处理任何事务，都要确保有今天早上司钟的禅心。"

这个小沙弥一直记着给自己剃度的师父和奕尚禅师。不但司钟，做任何事，动任何念，均保持着司钟的禅心。终成一代圣僧，他就是后来的森田悟由禅师。

淡然心语：

如果做任何事情都能用一种礼拜之心，那么一定会取得意想不到的效果。只有虔诚认真的态度，才能投入其中。没有任何的私心杂念，一心一意做事，就一定会成功。

5. 打破内心的束缚便是释怀

你必须做到唯求心安，事事无愧，人活着是责任义务，如初祖达摩所说“不谋其前，不虑其后，无恋当今”，这才是真正的解脱。

——耕云先生

慈航法师在鼓山当衣钵的时候，有一次去厕所忘记了带手纸，正好跟他一起入厕的是茶房头，于是慈航法师便向茶房头借用手纸。茶房头是个爱使坏的人，于是他就把自己用过的手纸给了慈航法师，最后弄了慈航法师一手的大便。如果换了别人早就发怒了，但是慈航法师就像什么事都没发生一样。

又有一次，慈航法师要搬禅房，茶房头正好在禅房里，于是慈航法师就说：“你在这里正好，帮我搬一下东西吧。”茶房头答应了，慈航法师搬着他的行李就先走了，茶房头四下一看，没有人了，便翻开慈航法师的抽屉，偷走了很多的银圆。等到慈航法师回来的时候，发现抽屉里100块银圆，竟然少了一大半，心想是谁偷走了银圆，禅房里只有茶房头在，一定是他偷走了。但他随即又想，不能揭穿他的行为，钱少了还可以积攒，但人的名誉一旦毁坏了，就不可能再恢复了。想到这些，慈航法师便假装什么事都没有发生过一样。

过了一会儿，茶房头准备告辞的时候，慈航法师叫住了茶房头，并且在另一个抽屉里又拿出了500块银圆送给他，茶房头开始还不肯接受，慈航法师对他说：“我现在是衣钵，每月发的银圆比较多，我也用不了那么多，大家在一个寺院应该互相帮助的。”这样茶房头收下银两告辞走了。

过了几天，跟茶房头一起住的人发现他有这么多的银圆，便感到怀疑，茶房头说是慈航法师送给他的。大家都来问慈航法师，法师仍然没有揭穿茶房头的行为。大师这种“不念旧恶，不嗔恶人”的行为，向怨恨的人施舍，而不计较前嫌，实在是一种超然的境界。

现实生活中，很多人都遇到过不公平的待遇或者伤害。有些人可能一直耿耿于怀，始终不能忘记怨恨，这样不但不能原谅别人，还苦了自己。宽恕了别人，其实也是解脱了自己。忘记那些不愉快，才能有更多的快乐。

当你真心地选择了释怀，你便获得了一定的自由，因为你已经放下了责怪和怨恨的包袱，无论是面对朋友还是仇人，你都能够报以甜美的微笑。

曾经有一个整日烦恼的年轻人，他四处奔走，只为寻找解脱烦恼的方法。

有一天，他来到一片绿柳成阴的河滩，发现一位老翁坐在柳阴下垂钓，从他的表情上便可知道，老翁正沉浸在快乐之中。

年轻人走上前去问道：“请问老翁，您能帮我解脱烦恼吗？”

老翁看了一眼满脸写着烦恼的年轻人，慢条斯理地说：“来吧，孩子，跟我一起钓鱼，肯定能让你的烦恼烟消云散。”

烦恼的年轻人听从了老翁的话，安静地坐下来与他一同垂钓，结果烦恼依然存在。

于是，他辞别老翁继续寻找。不久，他遇到一位在路边石板上独自下棋的老翁。烦恼的年轻人上前请教解脱之法。老翁怜悯地看着他说：“可怜的孩子，你看到前方那座山了吗？山里住着一位老人，他可以帮你解答你的疑难问题。你去请教他吧！”烦恼的年轻人顺着老翁指的方向直奔而去。

到了山脚下，年轻人发现一个山洞，他小心翼翼地进了洞，果然一位长须老者独坐其中。

烦恼的年轻人给老者深深地鞠了一个躬，并向老者说明来意。

老者微笑着捋着长白胡子问道：“听你的意思，你是到这里向我寻求解脱的？”

烦恼的年轻人连忙点头答是，并诚恳地对老人说：“请求老前辈为我指点迷津。”

老者笑着说道：“既然你是找我来寻找解脱的，那请你回答是谁捆住你了呢？”

烦恼的年轻人回答说：“……没有。”

老者继续说：“既然没有人捆住你，那么又谈何解脱呢？”语毕老者扬长而去。

年轻人听完老者的话呆呆地愣在了那里，反复琢磨着老者的话。忽然明白了：噢！是呀，没有任何人捆绑我，那么又何需寻求解脱？原来，我是自寻烦恼，捆绑住我的不是别人正是自己呀！

有一些人爱跟自己过不去，很多时候看不开，想不开。有一个意志消沉的青年异常苦闷，感觉生活了无生趣，便去找大师寻求帮助，大师告诉他说："你先跟动物在一个屋子里呆上一段时间再来找我。"青年照做了，没过多久，他就感到要崩溃了，于是他就去找大师，大师说："把动物赶走，你自己呆上一段时间。"青年又照做了。这一回，他感觉如释重负，心中陡增丝许的快乐。

也许现实并不能尽如人意，成长的道路上布满荆棘。但是用一颗理智的心选择洒脱，选择心灵的释怀，便有了披荆斩棘的勇气与信心。

为了你自己，为了快乐，为了内心的平静，为了光明的未来，请一直保持着一颗宽恕、释怀之心，这样你将获得更多。

淡然心语：

生活就是一种心境。保持着释怀的心情来对待生活，把生活琐事当成生活和我们开的玩笑。内心的平静，是通过改变自己而获得的，而非通过报复而获得的。

6. 守护好自己的心门

人生要守住的不仅仅是外在的门，还有含藏无限宝藏的心门。

有一个富豪因为朋友有急难，必须远行去帮助他，于是把家中的奴仆找来，交代道：

“我现在临时有急事，需要出门一段时日，我不在的时候，你要好好看紧门户，并且把草棚里的驴子拴好，不得有一点闪失。”

主人走了以后，奴仆果然依言日夜不休地守着门户，丝毫不敢怠慢。恰巧邻村举行祭祀大会，请来了技艺精湛的乐班来表演，几里路内的邻人竞相前往听戏取乐。奴仆的朋友满怀热情地来邀请他前去同乐，奴仆虽然很想去参加，但是一想到主人的叮咛嘱咐，面有难色说道：

“谢谢你的一番盛意，我虽然很想过去听戏，但是我的主人临出门时曾经指示我，要把门好好守住，我不能违背他的命令。”

朋友听了，仍然锲而不舍地劝诱他，奴仆经不起朋友的一再劝说，突然灵机一动，说道：“我想到一个好办法，我只要把门卸下来扛在身上走，把驴子绑在腰间跑，就可以和你一起去玩乐了。”

奴仆说完，毫不迟疑地把两扇朱红的大门拆卸了下来，用绳索小心地系在驴子的身上，再把另一头的绳索绑在自己的腰际，然后欢欢喜喜地和朋友一起进村，通宵达旦尽兴玩乐，彻夜未归。

奴仆走后，留下空空荡荡的门户，无人看管。半夜，有人跑来偷窃，一看，富翁家门户大开，于是放大胆量，把细软值钱的东西，塞满鼓鼓的一布袋，然后从从容容地逃逸了。

富翁办完了事赶回家中，一看家里财物被洗劫一空，悚然大惊，把奴仆传来询问：

“我出门时一再叮嘱你，要把门户看好，你怎么让小偷来闯空门呢？”

“主人！你是曾经交代我要守门，把驴子照顾好，因此我出外的时候，也不敢忘记把门和驴子随时带在身边啊。”奴仆一脸无辜的回答。

主人说：“我要你守好门户，就是要你把财物守护好呀”

“你只叫我把门和驴子看好，你并没有叫我看管财产啊！”

“叫你守住门户，就是要你守住一家的财物，财物既然已经尽失，徒然空守住两片大门，又有什么意义呢？”主人为之气结，无奈地教训奴仆。

淡然心语：

为了面子而丢了里子，是本末倒置的愚行。人生要守住的不仅仅是外在的门，还有含藏无限宝藏的心门。如何守好我们的心，则取决于每个人的智慧运用。

7. 大智若愚者乃真智者

谦卑并不意味着多顾他人少顾自己，也不意味着承认自己是个无能之辈，而是意味着从根本上把自己置之度外。

——海涛法师

有这样一个故事。

有一天，五根手指头都闲着没事做了，便聚集在一起，召开了一个重大的会议，讨论谁才是真正的大哥。

大拇指首先发言说："如果要比大，我才是真正的大哥。你们看，五根手指头当中，我排行第一，我最粗大。当人们赞叹某人最优秀的时候，总是翘起我，因此我才是大哥。"

大拇指的话刚讲完，食指马上迫不及待地抢着说道："我们兄弟之中，属我最重要。民以食为天。民生问题，是每个人每天必须面对的大事。饮食不能解决，个人会因为营养不良而致病死亡，国家则会因为饥荒而成为乱邦。况且当我这根食指如果大动的时候，就可以太快朵颐，有美食可吃了。人们在煮菜烹调的时候，总是用我食指来品尝食物，因此我应该最大。另外，当人们问路的时候，通常用我来指明方向。我有如此多种的功能，当然最有资格当你们的大哥！"

听完了食指的长篇大论，中指不以为然地抢白："你们两位不要不自量力了，净往自己的脸上贴金。大拇指你长得又矮又胖，食指你常常乱动，一点儿也不稳重威仪。哪像我长得最适中，站在最中间，你们就像众星拱月一般围绕着我。另外，我长得最修长，好比将帅统领群兵，白鹤立于鸡雉之中，因此我才是大哥中的大哥呢。"

耐着性子聆听中指自得其乐的演说，无名指终于无法忍耐，"霍"地一声站了起来，趾高气扬地大声说："你们各位都吹嘘说自己多么的了不起，多么的伟大，其实我才是真正最伟大的。你们听说过'无名乃大名'的古训吗？无以为名，以无为名，故为大名。我无名指岂止是世间的符号名相可以局限的，因此我比你们都大。还有当人们举行订婚结婚的仪式时，最爱把金戒指、钻石戒指套在我的身上，我是多么的有分量，大哥的位置当然非我莫属了。”

四个手指头争着要当大哥，彼此谁也不让谁。正争得不可开交时，突然发现小指头坐在一旁，一语不发，一副神闲气定的老僧模样。四指异口同声问道：“小指老弟，你怎么不说说你的想法？难道你不想当大哥吗？”

小指悠悠闲闲地回视四指，慢条斯理地说：“各位大哥，你们每一位都有显赫的成就，在各位面前哪还有我小指头说话的余地呢？不过，当人们双手合十拜佛，或者向别人打躬作揖问好的时候，我则是最靠近真理和对方的那个。”

小指朴实平淡的一番话，惊得四指瞠目结舌，各个都说不出话来。

淡然心语：

真正的智者懂得谦卑，懂得收敛自己的锋芒，绝不会在与别人的攀比中来显示自己的高明。更不会用压制、诋毁别人来抬高自己。而真正的智慧与外在的形势没有关系。

8. 善恶欲念皆由心出

佛经说："一念善心起，诸亨皆吉祥；一念恶心起，种种灾难生。"又云："一念嗔心起，百万障门开。"

任何一个寺院都会有自己的清规戒律，但即便如此，还是会有些小和尚屡屡犯戒。定一禅师所在的这个寺院也是如此，他决定找机会对这些小和尚予以教诲。

这一天，刚刚做完日常佛事，僧侣们正要走出禅房时，老方丈定一禅师扬手碰落了供台上的一个瓷瓶，摔了个粉碎。众弟子一下愣在那里，不知方丈的这一举动，是有意为之，还是无意所致。

定一禅师见众弟子以询问的眼光看着自己，便语气凝重地说道："非常可惜吧？一抔泥土不知经历了多少道工序，经过了多长时间的煅烧，才超脱成珍贵的瓷瓶，被我们摆上了供桌，成为一件高贵圣洁的法器。如果保存好了，它千百年都不会损坏，甚至可以永远流传下去。可是，扬手之间，它就坠落于地，一文不值了。同样的道理，一个人，尤其是我们敛德修行的僧人，取得了法号，悟出了境界，不是件容易事。你若不珍惜、不自律，堕落起来与瓷瓶无异！"一时间，大家你看看我，我看看你，默默无语。

众弟子中有些人忽然有所顿悟，于是合掌跪地，深表忏悔。

从辛苦打拼到成就江山，从捏泥做模到烧制瓷瓶，从修身养性到立世扬名，无论是成就一番大业，还是拥有一件珍品；无论是道德品质，还是荣誉名声，无不如老方丈所说的瓷瓶一样，永存还是损毁，都取决于长久的珍惜或扬弃的瞬间。

无独有偶，定一禅师同样深明此理。

慧能大师在五祖弘忍处得到衣钵，为了躲避同门迫害及弘扬佛法，来到南海。当时广州法性寺印宗禅师正在开讲《涅槃经》，慧能大师决定在法性寺停留数日，以便听闻法师讲经。

这一天，寺前因为法师讲经而竖起了幡旗。有两位和尚见到广场中飘扬的幡旗，便开始议论起来。其中一人说："是幡动。"

另一人则说："不，是风动。"

结果两人就此争论不休。

这时，慧能大师便开口说道："不是幡动，也不是风动，是你们俩人的心在动。"

一听到慧能大师的话，争论不休的俩人立刻恍然大悟。

心若在动，风、幡、烦恼、欲望都在动；心若静，风、幡、烦恼、欲望都在静。心中本无风与幡，何来动静之分呢？正所谓心性使然。一个人的心可以使一个人成为魔鬼，也可以使一个人成为圣人。人的心可以静若处子，也可以动若脱兔，全在自己的一念之间。故而佛家言："一念善心起，诸事皆吉祥；一念恶心起，种种灾难生。"

佛经又云："一念嗔心起，百万障门开。"

唐朝怀信禅师也在《释门自镜录》中说："但起一念善心，恶律仪即断。"心中的一念，是善是恶，都决定了自己烦恼或菩提，是在地狱或在天堂。刹那的善心，是不贪求、不望报，是无私的慈悲、爱心、善良。而刹那的恶心，虽是微不足道的小恶，但足以让自己沉沦，堕入地狱，成为恶魔。

在佛典中有一段经文阐述：有一位叫掬提的生意人，为人老实，而且信仰佛法。他的儿子优婆掬提，很有善根且富有智慧。当优婆掬提年龄渐长，掬提居士就将自己开设的一家店交由儿子接管，他则专心修学佛法。

有一天，掬提居士对一位已证得罗汉的比丘说："尊者！我很期待儿子能进入佛门、修学佛法。"

比丘说："很难得你有这份心，我会让他有机会接近佛、法、僧。"

互相承诺后，比丘就到优婆掬提的店里随缘度化，应用智能解说佛陀的教法。优婆掬提听闻佛法后深感欢喜，有如甘露灌顶般。他问比丘说："我要如何才能进入佛门？如何真正修行呢？"

比丘说："你要照顾好你的心。心念如果能达到善良、慈爱与平静的境界，就是修行了。"

优婆掬提说："这无形无影的心念，要如何照顾？又该如何证明哪一心念是好的？哪一心念是不好的？"

比丘回答说："你可用黑豆和白豆，来试验心中的善念或恶念。一天中若起善念，就放一粒白豆；如果生起一恶念，就放一粒黑豆。黑豆减少、白豆增加，表示善念升高了；白豆减少，就表示恶念、烦恼增加了。”

尔后，优婆掬提按照比丘的教法，把他的店当成道场，好好照顾自己的心。有人来买东西，他就生起欢喜心、感恩心，殷勤服务客人。使客人感到愉快后，他就放一粒白豆。

有时遇到喜欢论斤计两的客人，优婆掬提对客人起憎恶和不欢喜心时，他就放一粒黑豆。一天下来，黑豆的数量比白豆多，优婆掬提随即提醒自己要加紧努力，照顾好自己的心。

过一段时间后，黑豆的数量仍比白豆多，优婆掬提就下定决心：“不要让心念被境转了！要对境不生心，以平常心、欢喜心来对待一切的事物。”优婆掬提精进的心，终于使黑豆的数量由多渐少，甚至完全消失。

心念是修行的关键，一个人的成功或失败就在于一念心。若能好好照顾自己的心，保持平常心，就会处在宁静之境。照顾心念，保持平常心的方法，就是要培养大爱和善念。

一个人走向善只要那么一小步，一小步就到了；与恶的距离虽然遥远，却也只要那么一小步，这一小步足以使恶的种子生根发芽。

一位年轻时就帮助别人接生的盲眼阿婆，一直住在偏远的郊外，有一天，阿婆带着自己的积蓄到了一家卖灯饰的店里，想请老板在她家门前装上几盏路灯。

灯饰老板感到非常吃惊，说：“阿婆，您的眼睛看不见，装路灯做什么？”

阿婆说：“从前，我住的地方偏僻，没有人路过，所以不觉得有装灯的必要，加上那时生活苦，也没有多余的钱装灯。现在我存了一些钱，而且在那里过的人愈来愈多。为了让别人走路方便，请您来帮忙装几盏灯吧。”

那位老板听了很感动，只收工本费就为阿婆装了路灯。很快，盲眼阿婆装路灯的消息，传遍了全镇，所有的人都被阿婆的善心感动了，于是大家纷纷捐钱来帮助阿婆完成这一善举。

因为每个人都在心里想着：“盲眼人都想到要照亮别人，何况是我们这些好眼睛的人呢？”最后，阿婆家外的路灯不但全装起来了，马路扩宽了，通往郊外的木桥也改成了水泥桥，连阿婆的木屋都被用砖头水泥重砌，成为一幢美丽坚固的房子。

只因为盲眼阿婆小小的一念善心，竟使得整个小镇都变得光明而美丽，并且燃烧了大家心里的火种。

后来，阿婆死了，但是在那小镇上，每个人走过她家前的马路，立即记起那小屋曾住过一位善良的盲人，一代一代过去了，家长总是以盲眼阿婆的爱心作为教孩子的典范，使得那小镇许多年后还是一个满溢爱心的小镇，少年孩子走过盲眼婆婆的路灯下，在深黑的夜里，没有不动容的。

淡然心语：

佛经说："一念善心起，诸事皆吉祥；一念恶心起，种种灾难生。"又云："一念嗔心起，百万障门开。"心中的一念，是善是恶，都决定了自己烦恼或菩提，是在地狱或在天堂。刹那的善心，是不贪求、不望报，是无私的慈悲、爱心、善良。而刹那的恶心，虽是微不足道的小恶，但足以让自己沉沦，踏入地狱，成为恶魔。

9. 清静自然心是幸福之源

拥有一颗清净心，是幸福之源泉。

——燃灯法师

李翱非常钦佩惟严禅师的禅道，做朗州刺史时，曾多次邀请惟严禅师下山参禅论道，但都被惟严拒绝了，于是李翱决定亲身去拜见惟严禅师。

李翱去拜见禅师的那天，非常巧的遇见禅师正在山边树下看经书，但禅师却毫无起迎之意。随从提醒惟严说："太守已等候您多时了。"惟严禅师只当没听见，只是闭目养神。

李翱是一个急性子的人，看到禅师这种冷漠的态度，忍不住怒声斥道："真是见面不如闻名！"说完便拂袖欲去。

惟严禅师这时候才慢慢睁开眼睛，缓缓地说："太守为何相信远的耳朵，而轻视近的眼睛呢？"

李翱听了大惊，忙转身拱手谢罪，并请教什么是"戒定慧"。

"戒定慧"是北宗神秀倡导的渐修形式，即先戎而后定，再由定生慧。但惟严禅师是石头希迁禅师的法嗣，属于惠能的南宗，讲究的不是渐修，而是顿悟法门。因此惟严禅师回答说："我这里没有这种闲着无用的家具！"

李翱听后丈二和尚摸不着头脑，只得换一个话题问道："大师贵姓？"

惟严禅师说："正是这个时候。"

李翱更弄不明白了。这时，站在一旁的寺院总管悄悄对李翱说："禅师姓韩，韩者寒也。时下正是冬天，可不是'韩'吗？"

惟严禅师听到后哈哈大笑说道："胡说八道，若是他夏天来也如此问答，难道我姓'热'吗？"

气氛顿时轻松多了。

他又问禅师什么是禅道。惟严禅师用手指指天，又指指地，然后问他道："理会了吗？"

李翱摇摇头说："没有。"

这时，突然一道阳光射了下来，正巧照见瓶中的净水，李翱不禁随口念了一偈：

炼得身形似鹤形，千株松下两函经。
我来问道无余说，云在青天水在瓶。

不知李翱是否领会了惟严说的禅机，总之，这首诗最后成了千古名偈。

淡然心语：

云在天空，水在瓶中，都是事物的本来面貌，没有什么特别的地方。领会事物的本质，悟见自己的本来面目，像青天的白云一样，自由自在，也就达到一种做人的境界了。这也是一种顺其自然、没有矫饰、不加强求的心态，是超然对待自然生活、清净自性心的全然显现。

10. 浮生若茶，须悉心品味

每一个人都拥有生命，但并非每个人都懂得生命，乃至于珍惜生命。不了解生命的人，生命对他来说，是一种惩罚。

一位年轻人在生活中屡屡受挫，心中的苦闷和烦恼无法排遣，于是去找释圆禅师求教。

他痛苦地向释圆禅师诉说内心的痛苦后，绝望地说："师父，像我这么失败的人，再活在世上也没有什么意思，我该如何是好呢？"

释圆听后，叫弟子送来一壶温水。

释圆抓了一把茶叶，放在杯里，用温水沏了，端给年轻人说："施主远道而来，喝一杯茶吧。"

年轻人喝了两口，奇怪地问道："这是什么茶，怎么一点香气和味道都没有？"

释圆道："这是茶中的极品呀！怎么会没有香气和味道呢？"

他转头对徒弟说："再去提一壶热水过来。"

释圆又从原来的茶罐里抓一把茶叶，放进另一个杯子，冲了沸水进去。

遇到沸水的茶叶，茶香立时溢出，叶片随即在杯中翻滚浮沉。

年轻人正要端起杯子喝茶，释圆说："施主，且慢！"

释圆又往杯中注入一些沸水，茶叶又上下浮沉，这样浮浮沉沉，连续注水五次，才把茶泡好。这时茶香已经溢满了整个房间。

年轻人端起茶杯，只见茶色碧绿。小饮一口，感觉香气四溢，味道醇厚，极有口感。

年轻人感到很奇怪，就问道："同样的茶，为什么泡出来会有这么大的差别呢？"

释圆看着这个年轻人，说："只是因为水的不同罢了！头一杯是温水，第二杯是沸水，水的温度主宰了叶片的浮沉。用温水泡的茶，茶叶只是轻浮于水面，怎能散发出它的清香呢？用沸水冲的茶，一次一次冲击茶叶，茶叶浮浮沉沉，逼出了春雨的幽凉，夏阳的炽热，秋风的纯厚，冬霜的清洌，有千百滋味，只有这样，才能泡出一杯好茶。”

年轻人听了释圆禅师的话后，沉思良久，然后向禅师深深一揖，飘然而去。

浮生若茶，茶叶因为沸水才释放了深蕴的清香；生命只有遭遇一次次的挫折和坎坷，才能留下一脉脉人生的幽香。

淡然心语：

浮生若茶，不经过多次沸水的洗礼，不经历几番沉浮，怎能深刻体会到人生的意义。往往是命运的严酷炽烈，锻造出坚毅的灵魂，让生命达到了以前从未想到的高度，也让人们看到了以前从未看到的风光。把生命看成是学习，把挫折看成是成长，人生必将是另一番模样。人生在世，必须能够经得住困境的考验，也必须能禁得起生离死别、忧愁痛苦的磨炼。面对挫折，要有百折不挠的精神。只有这样，才能品味出人生的百般滋味。